HENRY SAGNIER

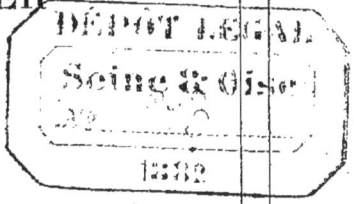

DANS

LES CHAMPS

LECTURES

POUR LES CULTIVATEURS ET LES ÉCOLES RURALES

Ouvrage orné de 33 gravures.

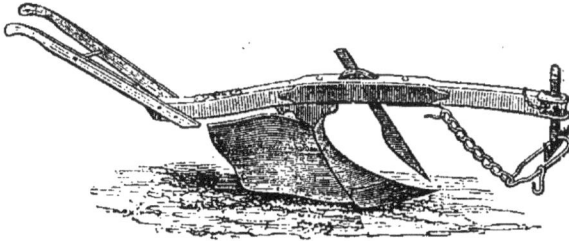

PARIS

G. MASSON, ÉDITEUR

LIBRAIRE DE L'ACADÉMIE DE MÉDECINE

120, Boulevard Saint-Germain, en face de l'École de Médecine

M DCCC LXXXII

DANS

LES CHAMPS

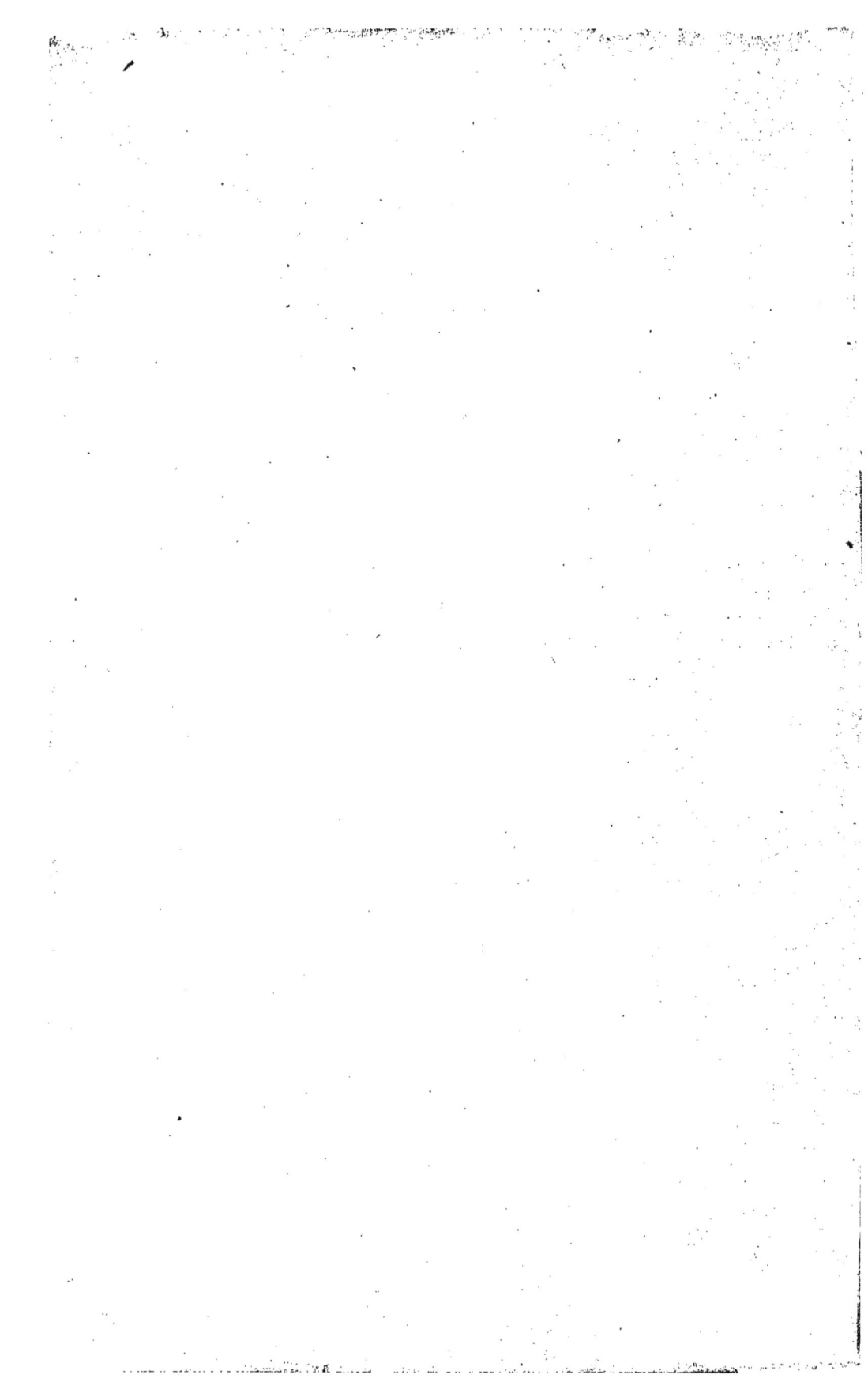

DANS

LES CHAMPS

CORBEIL. — TYP. ET STÉR. CRÉTÉ.

HENRY SAGNIER

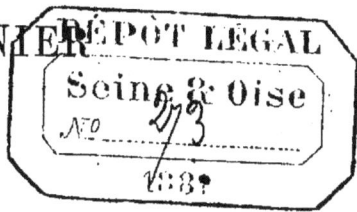
DANS

LES CHAMPS

LECTURES

POUR LES CULTIVATEURS ET LES ÉCOLES RURALES

Ouvrage orné de 33 gravures.

PARIS

G. MASSON, ÉDITEUR

LIBRAIRE DE L'ACADÉMIE DE MÉDECINE

120, Boulevard Saint-Germain, en face de l'École de Médecine

M DCCC LXXXII

PRÉFACE

Le petit volume que nous présentons au public n'a pas la prétention d'être un traité d'agriculture. Il n'affecte pas la forme didactique; son but est seulement de répandre, dans les campagnes, des connaissances utiles, des faits positifs qu'il n'est plus permis d'ignorer, quand on cultive les champs.

La précision s'impose de plus en plus partout. Les savants travaillent pour les agriculteurs, et ils leur donnent les moyens de tirer un plus grand profit de leurs rudes labeurs. Mais, dans les rares loisirs laissés par les travaux des champs, les culti- vateurs ne peuvent que difficilement compulser les ouvrages des maîtres. Il faut donc faire pour eux un travail qu'ils ne peuvent pas entreprendre. Cette tâche, quelque modeste qu'elle soit, trouve immédiatement sa récompense dans le sentiment qu'elle n'est pas perdue. C'est celle que j'ai voulu remplir, mais en n'abordant que quelques sujets, les plus importants parmi ceux qui préoccupent le plus les agriculteurs, et qui sont pour eux d'un intérêt immédiat.

Quand il s'agit d'agriculture, dès qu'on veut entrer dans les détails relatifs aux diverses branches de la production, il faut signaler les différences qui séparent les diverses régions du pays, indiquer les raisons pour lesquelles telle pratique, bonne ici, peut être désavantageuse plus loin. Mais il est des faits généraux qui sont les mêmes partout, des lois auxquelles il faut obéir dans toutes les circonstances. C'est principalement à ces lois générales que ce petit livre est consacré ; il montrera, nous l'espérons, combien leur application est souvent facile et toujours avantageuse. Le cultivateur n'est plus l'ennemi du livre ; il a appris à y trouver des ressources pour la pratique de son art ; il est reconnaissant à ceux qui savent lui parler un langage clair et simple. Puisse-il trouver ces qualités dans les pages que nous lui offrons, et que nous dédions à tous ceux qui labourent la terre de France.

Ce livre s'adresse aussi aux écoles rurales. L'en-

seignement agricole est désormais obligatoire ;
il sera le complément des notions sur les sciences
naturelles. La méthode descriptive que j'ai adoptée
y sera certainement appréciée ; elle peut porter les
fruits les plus sérieux, et faire pénétrer facilement
les notions utiles dans les jeunes intelligences.

TABLE

—

DANS LES CHAMPS

I

Les régions agricoles de la France.

Pour se rendre compte des caractères de l'agriculture d'un pays, il faut, avant tout, en étudier les conditions climatériques. Sur ces conditions, en effet, l'homme ne peut rien ; il doit les subir, mais il peut aussi les utiliser. La vie des animaux, aussi bien que celle des végétaux, est subordonnée au climat ; l'industrie agricole doit connaître l'action exercée par celui-ci, et combiner ses méthodes en conséquence. C'est ainsi, pour n'en citer qu'un exemple grossier, que la culture de la canne à sucre ou celle de l'oranger, dans le centre de la France, seraient une entreprise insensée aux yeux de tous. L'agriculture doit donc varier suivant les climats ; des limites de diverse nature sont imposées, ici ou là, à telle ou telle de ses entreprises ; elle ne peut les franchir sans préjudice.

Au point de vue agricole, la France est partagée en un certain nombre de parties de climats divers. Pour en faire bien comprendre les caractères, il est néces-

SAGNIER.   · 1

saire de préciser les circonstances qui influent sur ce qu'on peut appeler le climat au point de vue agricole.

C'est surtout sur la culture des végétaux que le climat exerce une action directe. Celle-ci doit donc servir de base principale pour le définir.

Les caractères génériques d'un climat sont fixés par plusieurs causes, dont les principales sont : la chaleur, la lumière, les vents, les pluies, l'altitude. La latitude joue aussi un rôle, on pourrait dire un rôle capital, sur l'ensemble d'un grand pays ; mais son action est plutôt géographique, et nous ne pouvons pas avoir à nous en occuper ici puisqu'il ne s'agit que de la France, autrement que pour indiquer que, toutes choses égales d'ailleurs, elle doit mettre une différence assez sensible entre les climats du nord et du midi de notre pays. Il faut indiquer comment chacun des éléments indiqués plus haut influe sur le climat au point de vue agricole.

La chaleur est celui que nous avons placé en première ligne. Elle est, en effet, indispensable à la vie végétale. Son influence doit être étudiée avec soin, non pas tant au point de vue de la chaleur moyenne qu'à celui des extrêmes de chaud et de froid. On a observé avec beaucoup de soin les conditions de la chaleur moyenne des diverses parties du globe, on a tracé des lignes dites isothermes. Mais il faut s'en servir avec beaucoup de discernement, pour déterminer les climats agricoles. En effet, une moyenne peut résulter de chiffres très divers. Ce qui importe pour la plante, c'est que, pendant les diverses périodes de son existence, elle reçoive une quantité de chaleur déterminée, variable suivant les espèces, et aussi suivant les saisons. De même, il y a une intensité de froid qu'elle peut supporter sans préjudice, et une autre qui la tue. Il faut donc prendre en considération, pour les climats, non seulement la chaleur moyenne de l'année, mais encore les degrés extrêmes de chaque saison, ainsi que leur durée.

La lumière joue aussi un rôle important. C'est sous son influence que la plante fixe le carbone qui constitue une grande partie de ses tissus. Quand le soleil agit directement sur la plante, la réduction de l'acide carbonique de l'air se produit avec une grande activité ; sous l'influence de la lumière diffuse, le phénomène est beaucoup plus faible. La longueur des jours est donc un élément qui agit sur la vie des plantes, de même que la présence de nuages plus ou moins abondants. Toutes choses égales d'ailleurs, deux régions présentant un nombre sensiblement différent de jours couverts, surtout au printemps et à l'été, auront des climats différents. D'une manière générale, la grande proportion de jours couverts est un des caractères principaux des régions maritimes.

La direction générale et l'intensité des vents influent, de leur côté, sur le climat, au point de vue agricole. Tout le monde sait que, dans chaque localité, il y a des vents humides et des vents secs, des vents de la pluie et des vents de la sécheresse. La permanence des courants atmosphériques dans un sens peut exercer une très grande influence sur la végétation ; elle

détermine les saisons sèches et les saisons humides.
Ce sont, en effet, les pluies et leur distribution qui
jouent un des principaux rôles dans la vie végétale.
L'eau est indispensable à la plante, depuis sa germination jusqu'à sa maturité ; mais il y a des plantes
qui en demandent beaucoup, d'autres, au contraire,
qui en craignent l'abondance. La pluie agit, en outre,
diversement suivant la nature du sol. Toutes ces considérations doivent entrer en ligne de compte quand
on étudie le climat.

De l'altitude, il n'y a qu'un mot à dire. Tout le
monde sait qu'en s'élevant sur les montagnes, on rencontre successivement les mêmes différences, dans
la végétation, que quand on se dirige vers le nord.
Chacun sait aussi que l'altitude exerce un rôle bien
constaté sur le régime des pluies.

Ces détails montrent combien il faut d'observations
pour établir, d'une manière utile, la division d'un
pays tel que la France, en régions agricoles. Beaucoup
d'observateurs ont essayé de faire cette répartition.
Celui qui, à nos yeux, a jusqu'ici le mieux résolu le
problème, est le comte de Gasparin. Son travail s'est
étendu à toute l'Europe qu'il a divisée en cinq régions
agricoles, déterminées chacune par une plante ou
une végétation caractéristique.

Ces cinq régions sont les suivantes :

1° Région de l'olivier ;

2° Région des vignes ;

3° Région des céréales ;

4° Région des herbages ;

5° Région des forêts.

Le territoire de la France peut être divisé de manière à se répartir entre les quatre premières régions. A la région des oliviers appartiennent la Provence et une faible partie du Languedoc. La région des vignes embrasse, au-dessus de celle des oliviers, toute la partie méridionale et centrale du pays, jusqu'à une ligne qui, partant de l'embouchure de la Loire, se dirigerait vers le Rhin, en décrivant une courbe passant un peu au nord de Paris. A la région des céréales appartient toute la partie septentrionale du pays, au-dessus de la région des vignes, en faisant abstraction d'une portion des côtes du Poitou, de la Bretagne, de la Normandie et de la Picardie, que leur climat et la nature de leur sol placent dans la région des pâturages. Quant à la région des forêts, elle s'étend, au nord de l'Europe, au milieu des autres régions sur les terrains trop pauvres pour passer à l'état de pâtures ; elle ne comprend, en France, que les parties les plus élevées et les plus escarpées des systèmes de montagnes répartis sur le territoire, notamment les Alpes, les Pyrénées, les montagnes du centre.

1° *Région des oliviers.* — Cette région présente deux caractères météorologiques principaux : une température hivernale qui ne compromet pas l'existence de cet arbre, et pour cela il faut que le thermomètre ne descende que rarement et peu de temps jusqu'à — 7° ou — 8° ; une température estivale qui permette au fruit de mûrir, c'est-à-dire que le printemps accuse une température moyenne de 19° et qu'avant les gelées l'arbre puisse recevoir environ 2,000 degrés de chaleur.

Les pluies sont peu abondantes durant l'été, et souvent rares au printemps. La sécheresse de l'air est donc très grande. Il en résulte une évaporation active. Ces conditions réunies font que les plantes herbacées réussissent plus difficilement; néanmoins les blés, notamment, provenant de cette région, présentent une excellente qualité. Quand le cultivateur peut avoir de l'eau qu'il emploie en irrigation, il obtient de très abondantes et de très bonnes récoltes fourragères.

La culture des plantes arbustives est celle qui donne, sauf des circonstances extraordinaires, les meilleurs résultats dans cette région.

2° *Région des vignes.* — La vigne a besoin, pour vivre, de moins de chaleur que l'olivier. Elle peut supporter pendant l'hiver des froids assez rigoureux, pourvu que ces froids n'aient pas une durée exagérée. Elle a besoin d'un printemps doux; elle entre en fleur lorsque la température moyenne de l'air atteint 15 à 18 degrés. Il lui faut, pour mûrir, au moins 2,500 degrés de chaleur. Il faut aussi, pour que la maturation s'accomplisse, que la température moyenne ne tombe pas au-dessous de 12°,5. Si le mois de septembre est froid, la maturité est retardée; dans les contrées où la température moyenne descend, en septembre, à cette limite, d'une manière régulière, le raisin ne mûrit pas, et il pourrit sur pied.

On voit que, au point de vue de la température, les limites de la région des vignes sont larges; et, en fait, cette région s'étend sur une très vaste zone. Elle peut même être divisée en deux parties : celle où le maïs mûrit, et celle où il ne mûrit pas. Le maïs a besoin d'une plus grande chaleur estivale que la vigne ; il accomplit, en effet, toutes les phases de sa végétation en trois ou quatre mois ; il lui faut, en outre, une quantité notable d'eau. La sous-région du maïs occupe la plus grande partie du sud-ouest de la France, et elle s'étend, au nord, presque jusqu'à la Loire.

Au point de vue agricole, la région des vignes présente une grande diversité. Pendant que, dans sa partie méridionale, la culture a beaucoup d'analogies avec celle de la région des oliviers, dans une grande partie de son étendue elle donne une importante place aux céréales. Au midi, c'est le maïs ; plus au nord, c'est le blé qui domine. La production fourragère y est généralement faible, sauf dans les vallées où la vigne vient moins bien. De même que dans la région des oliviers, avec les irrigations, on obtient, dans les années favorables, de très abondantes récoltes dans les prairies naturelles ou artificielles.

3° *Région des céréales.* — Elle porte ce nom parce que les grains y forment la base de la richesse agricole. En effet, dès que le climat cesse de convenir à la vigne, les céréales deviennent maîtresses du sol, et l'occupent parfois d'une manière peut-être trop exclusive. Lorsque la production spontanée des herbages est favorisée par l'humidité, les grains passent, au contraire, à un rang secondaire.

La région des céréales, dit le comte de Gasparin,

est la terre classique des assolements où l'on fait alterner les grains avec les fourrages et les racines. C'est à l'état habituel de la fraîcheur du sol en été, à la régularité que cette circonstance introduit dans les résultats des cultures, que l'on doit la possibilité d'y adopter un ordre constant dans la succession de ces plantes et de pouvoir traduire ainsi en règles toutes les leçons de l'expérience. Le printemps y est généralement assez tardif, et les végétaux prennent tout leur développement au moment du solstice d'été. Les calculs des travaux peuvent être toujours faits à l'avance d'une manière à peu près certaine.

C'est donc dans la région des céréales que les formules de la pratique agricole peuvent être fixées avec précision, et que les lois des assolements ont pris naissance. Dans la région des vignes, l'inégalité des saisons et leurs vicissitudes souvent extrêmes s'opposent souvent à cette succession régulière des cultures.

4° *Région des pâturages.* — Ce qui caractérise la région des pâturages, c'est l'humidité du sol favorisée d'ailleurs par celle de l'atmosphère. Les plaines des bords de la mer appartiennent, dans toute l'Europe tempérée, aussi bien que dans ses parties septentrionales, à cette région spécialement favorable à l'élevage du bétail. Les pluies sont, sinon abondantes, du moins répétées; le nombre des jours humides y surpasse généralement celui des jours secs.

La production du lait, la fabrication du beurre et celle des fromages sont les grandes industries des pays de pâturages. La principale amélioration qui doit y être apportée est le perfectionnement de la laiterie, et la substitution de méthodes rationnelles aux méthodes défectueuses qui y dominent trop souvent.

5° *Région des forêts.* — Elle est caractérisée par la longueur des hivers, par la pauvreté du sol lavé par les pluies et entraîné par la fonte des neiges. En France, elle est limitée à quelques parties élevées des montagnes et à quelques plaines où les conditions du sol sont contraires au régime des pâturages, notamment une partie de la Sologne, la Double, la Brenne.

Ces grandes divisions du sol de la France accusent, comme on le voit, des caractères tranchés. Elles présentent, d'un autre côté, dans leurs diverses parties, des différences assez sensibles pour que, dans la plupart des circonstances, on y fasse des subdivisions assez nombreuses.

Dans la pratique des concours régionaux agricoles, la France est divisée en douze régions, comme il suit :

1° *Nord-Ouest*, comprenant les départements du Calvados, de l'Eure, d'Eure-et-Loir, de la Manche, de l'Orne, de la Sarthe et de la Seine-Inférieure ;

2° *Ouest*, comprenant ceux des Côtes-du-Nord, du Finistère, d'Ille-et-Vilaine, de la Loire-Inférieure, de Maine-et-Loire, de la Mayenne et du Morbihan ;

3° *Nord*, comprenant les départements de l'Aisne, du Nord, de l'Oise, du Pas-de-Calais, de la Seine, de Seine-et-Marne, de Seine-et-Oise et de la Somme ;

4° *Centre*, comprenant les départements de l'Allier, du Cher, de l'Indre, d'Indre-et-Loire, de Loir-et-Cher, du Loiret et de la Nièvre ;

5° *Nord-est,* comprenant les départements des Ardennes, de l'Aube, de la Marne, de la Haute-Marne, de Meurthe-et-Moselle, de la Marne et des Vosges ;

6° *Est,* comprenant les départements de l'Ain, de la Côte-d'Or, du Doubs, du Jura, de la Haute-Saône, de Saône-et-Loire et de l'Yonne ;

7° *Ouest central,* comprenant les départements de la Charente, de la Charente-Inférieure, de la Dordogne, de la Gironde, des Deux-Sèvres, de la Vendée, de la Vienne et de la Haute-Vienne ;

8° *Sud-Ouest,* comprenant ceux de l'Ariège, de la Haute-Garonne, du Gers, des Landes, de Lot-et-Garonne, des Basses-Pyrénées et des Hautes-Pyrénées ;

9° *Sud central,* comprenant les départements de l'Aveyron, du Cantal, de la Corrèze, de la Creuse, du Lot, du Tarn et de Tarn-et-Garonne ;

10° *Est central,* comprenant les départements de l'Ardèche, de la Loire, de la Haute-Loire, du Puy-de-Dôme et du Rhône ;

11° *Sud,* comprenant les départements des Alpes-Maritimes, de l'Aude, des Bouches-du-Rhône, de la Corse, du Gard, de l'Hérault, des Pyrénées-Orientales et du Var ;

12° *Sud-est,* comprenant les départements des Basses-Alpes, des Hautes-Alpes, de la Drôme, de l'Isère, de la Savoie, de la Haute-Savoie et de Vaucluse.

D'après les détails donnés ci-dessus, on verra à laquelle des grandes régions climatériques se rattache chacune de ces douze régions. Mais cette dernière répartition est nécessairement imparfaite, car les divisions

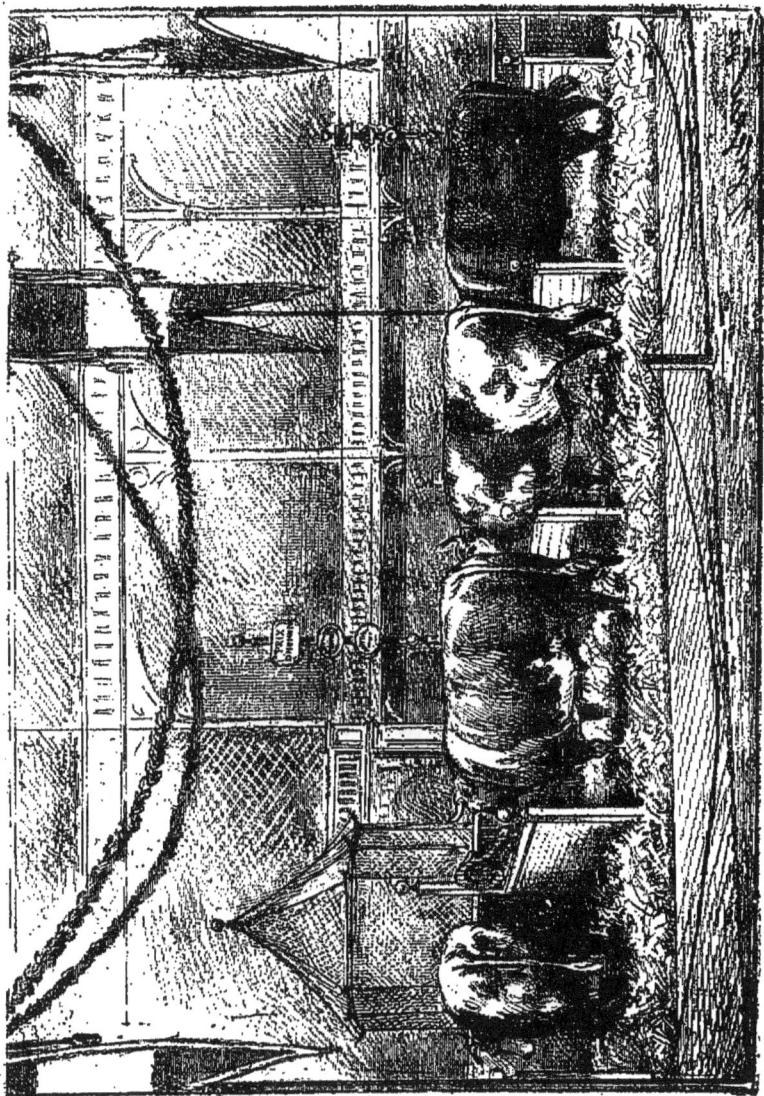

Fig. 1. — Bande de bœufs dans un grand concours agricole.

en départements n'ont pas été faites d'après les varia-
tions du climat, et il arrive parfois que plusieurs parties d'un même département présentent des caractères
tout à fait distincts. C'est ainsi, par exemple, que la
partie méridionale du département de l'Ardèche se
rattache à la région de l'olivier, tandis que la partie
septentrionale n'y appartient plus.

Il est important de bien se rendre compte du mouvement agricole de toutes les parties du pays. En effet,
c'est une vérité devenue banale, qu'aujourd'hui le
cultivateur n'a plus le droit de rester isolé dans les
limites restreintes de ses champs. La lutte est désormais ouverte, sur les grands marchés du vieux conti-
nent, entre les producteurs de toutes les parties du
globe ; nul n'a le droit ni surtout le pouvoir de s'y
soustraire, et pour ne pas succomber il doit connaître
ce qui se fait ailleurs.

Les concours régionaux, que chaque printemps voit
se renouveler dans toutes les parties de la France, sont
un des meilleurs moyens de diffusion du progrès agricole. Les villes qui en sont le siège attirent les populations rurales par des fêtes de tous genres ; en même
temps qu'elles offrent des distractions, elles donnent à
profusion les moyens d'enseignement. Le petit cultivateur, surtout, qui se déplace peu, trouve au concours régional les exemples vivants des améliorations
qui peuvent être apportées à l'élevage de son bétail,
aussi bien que les types les plus parfaits des machines
qui sont devenues ses auxiliaires pour rendre son
labeur à la fois plus productif et moins dur.

Les concours régionaux ont d'autres conséquences non moins utiles. Ils contribuent à faire disparaître les préventions qui, trop souvent, ont séparé les populations rurales de celles des villes. C'est dans ces concours que campagnards et citadins, laboureurs et commerçants, vignerons et industriels, apprennent à se comprendre et tendent de plus en plus à s'unir dans les mêmes sentiments, au mutuel avantage des uns et des autres, et par-dessus tout de la patrie. Ce rapprochement cimente l'unité morale de la nation, dont les forces vives s'unissent dans les mêmes sentiments et dans des aspirations communes.

Ce serait une erreur de croire que ces solennités ont simplement pour résultat de mettre en relief les grandes exploitations dirigées par de riches propriétaires qui se font de l'agriculture soit une situation honorée, soit une arme pour obtenir une influence dans un canton ou un arrondissement. C'est là une profonde erreur. Quiconque élève un taureau de valeur, une vache de haute production, quiconque entretient avec un soin jaloux une bergerie dont les produits ont été améliorés par une habile sélection ou des croisements judicieux, quiconque, enfin, a la prétention de bien faire, qu'il soit riche ou pauvre, grand ou petit, a le droit de venir au concours régional et d'y amener ses produits. De même en ce qui concerne la prime d'honneur : s'il y a des prix pour la grande culture, il en est d'autres qui sont exclusivement réservés soit aux fermiers, soit aux métayers, soit aux petits cultivateurs qui labourent avec ardeur

les quelques arpents qu'une épargne laborieuse leur
a permis d'acheter. Les concours offrent donc l'image
fidèle de la production du pays ; le paysan en sabots
n'est pas celui qui y remporte le moins de prix.

Chaque région de la France, avons-nous dit, a sa
physionomie spéciale. Ainsi que le répétait Léonce
de Lavergne, on se trompe presque toujours quand
on parle de l'agriculture française, parce qu'on veut
généraliser. Or, rien ne se prête moins à la généralisation que notre immense variété de sols, de climats,
de cultures, d'origines, de conditions sociales et économiques. Il faut donc se garder avec soin de conclure, pour l'ensemble du pays, de ce qui se passe
autour de soi. Toutefois, les concours régionaux accusent deux tendances bien accusées dans toutes les
parties du territoire ; c'est la preuve que ces tendances sont bien l'expression des besoins de la situation : développement de la production du bétail, et
extension prise par l'emploi des machines perfec-
tionnées.

Le bétail est certainement, de toutes les branches
de la production agricole, celle qui est appelée à
prendre le pas sur les autres, car elle est et elle de-
meurera la plus lucrative. La consommation de la
viande va toujours en augmentant, et la production
française est encore insuffisante pour pourvoir à ses
besoins ; le pays doit importer, bon an mal an, un
peu plus du dixième de la quantité totale de viande
qui lui est nécessaire. Aussi dans toutes les régions
— les concours en sont les témoins, — les efforts les

plus énergiques sont faits par le plus grand nombre
des agriculteurs pour améliorer leurs animaux domestiques, c'est-à-dire pour en tirer le meilleur parti. A
l'ouest comme au centre, en Normandie comme en
Auvergne, dans le Limousin comme en Languedoc,
l'impulsion est vive. Dans la région du sud-est, brûlée
par le soleil d'été, on demande à grands cris l'exécution de canaux d'irrigation afin de pouvoir faire produire au sol les plantes fourragères nécessaires pour
nourrir des troupeaux plus nombreux.

Il faut peut-être faire une exception pour la région
du nord-est et pour le rayon de Paris. On n'y comprend pas encore suffisamment le rôle du bétail. L'ancienne économie rurale des environs de la capitale ne
s'est pas modifiée aussi rapidement que les circonstances qui l'entourent ; les agriculteurs de cette région, qui établissaient leurs spéculations sur la vente
des pailles et des fourrages à Paris et sur l'achat des
fumiers, voient leurs anciens calculs déjoués par la
concurrence que leur font les produits de toute la
France, amenés désormais avec facilité, par les voies
ferrées, de tous les points du territoire. Mais ce n'est
qu'un temps d'arrêt, et l'Ile-de-France agricole retrou-
vera rapidement son ancienne renommée d'avant-
garde du progrès.

C'est grâce à l'émulation suscitée par les concours,
que toutes nos bonnes races bovines sont devenues
beaucoup plus parfaites de formes, en même temps
que la qualité de leur viande se maintenait, aussi bien
que les aptitudes laitières qui ont fait l'universelle re-

nommée de quelques-unes; c'est surtout au point de
vue de la rapidité du développement que le progrès est
sensible. Les bêtes arrivent aujourd'hui à la maturité
dès leurs premières années, et les étables se renou-
vellent beaucoup plus rapidement. Tous les agriculteurs comprennent l'intérêt qu'ils ont à vendre, deux
ou trois ans plus tôt, des animaux payés à un prix plus
avantageux que leurs aînés, et ils travaillent tous dans
ce but. — Pour les moutons, c'est la même chose. Les
marchés sont désormais presque approvisionnés par
de jeunes animaux. — « Je gagne maintenant deux
ans sur mon ancien troupeau, me disait récemment
un agriculteur de la Brie; j'ai donc encore profit en
ayant un tiers de moins de bêtes. » C'est une des réponses à faire à quelques prophètes de malheur qui
s'évertuent à montrer, dans un prétendu décroisse-
ment de la production du mouton, un signe de dé-
cadence.

L'agriculture est partagée en deux écoles : l'ancienne, qui voyait dans le bétail un mal nécessaire,
et la jeune, dont les débuts remontent à une tren-
taine d'années, qui trouve, au contraire, dans le bétail, un des éléments les plus heureux de sa fortune.
Celle-ci gagne chaque jour du terrain, au grand profit
de la fortune publique.

L'influence des concours régionaux n'est pas moins
sensible pour la diffusion des instruments perfectionnés de l'agriculture. C'est grâce à eux que ces ou-
tils puissants, d'une valeur égale à celle des machines les plus parfaites de l'industrie, se sont répan-

dus partout. C'est aussi grâce à l'émulation qu'ils ont suscitée chez les ingénieurs et les mécaniciens, que les progrès ont été si considérables et si rapides. Aujourd'hui, les expositions de machines dans les concours régionaux sont devenues de grandes foires pleines d'animation, et c'est par centaines de mille francs que, dans chacun, se chiffrent les transactions entre constructeurs et cultivateurs.

Ce n'est pas seulement sur les appareils simples et primitifs que se porte le goût, même des petits cultivateurs ; c'est sur ceux-là même qui sont le plus compliqués, mais qui rendent le plus de services au point de vue de la rapide exécution d'un bon travail. Les bonnes charrues se rencontrent désormais presque partout, de même que les bonnes herses, les rouleaux perfectionnés, les charrues de déchaumage ; la machine à battre a complètement détrôné le fléau ; les faucheuses et les moissonneuses deviennent de plus en plus nombreuses. Le penchant raisonné qui entraîne les agriculteurs de tous les rangs vers l'emploi des machines est tel, que les constructeurs ont dû s'ingénier à faire de petites faucheuses, des moissonneuses à un cheval, pour répondre aux demandes de ceux qui ne peuvent employer les grandes faucheuses et moissonneuses.

Les sociétés et comices agricoles ont puissamment contribué à la diffusion des bonnes machines, soit en organisant des concours, soit en faisant des ventes à prix réduits, soit en éveillant l'esprit d'association entre les cultivateurs pour acheter ensemble des ma-

SAGNIER.   2

chines que chacun, isolément, n'eût pu se procurer,
soit en encourageant les entreprises à façon qui, limi-
tées d'abord aux battages, s'étendent aujourd'hui aux
fauchages et aux moissonnages dans quelques parties de la France.

II

Les secrets du bon cultivateur.

Quelles sont les méthodes à suivre pour augmenter,
économiquement, les produits des récoltes?

C'est à l'un des plus illustres agriculteurs du commencement du siècle, Mathieu de Dombasle, que nous
empruntons la plus grande partie de notre réponse.
Fondateur en France de l'enseignement agricole, in-
venteur des premières machines agricoles perfec-
tionnées qui aient été répandues dans le pays, Dombasle a laissé un nom respecté par tous les agriculteurs.
On le considère à juste titre comme le promoteur du
progrès agricole au dix-neuvième siècle. Par ses
exemples, par ses élèves, par ses écrits, son influence
s'est propagée partout. Peu d'hommes ont réuni à
un si haut degré les qualités du savant cherchant le
progrès à celles du praticien habile, sachant profiter de
toutes les ressources que la tradition met aux mains
de ceux qui savent en profiter.

Son *Calendrier du bon cultivateur* est consulté avec

le plus grand fruit, cinquante années après qu'il a été écrit. Peu de livres ont cette bonne fortune, en dehors de ceux qui sont marqués au coin du génie poétique ou littéraire. A la suite de ce calendrier, et pour en donner, en quelque sorte, une réalisation idéale, Mathieu de Dombasle a raconté, avec simplicité, mais avec le plus grand charme, l'histoire d'un agriculteur qui en avait appliqué les principes. Cette histoire a pour but de raconter les secrets de Jean-Nicolas Benoît.

Le premier de ces secrets est qu'il ne faut pas cultiver une plus grande étendue de terre que celle qui est proportionnelle aux ressources dont on dispose. C'est, en effet, une propension assez générale, surtout chez les petits cultivateurs, que celle d'acheter toujours de la terre, aussitôt qu'ils ont quelques profits ou quelques économies. Quand un journalier veut, par ce moyen, transformer sa situation de salarié en celle de petit propriétaire, il n'y a rien à dire, on ne peut que le féliciter. Mais le cultivateur qui consacre toute son épargne, ainsi que cela arrive souvent, à l'achat de nouveaux champs, a bientôt dépassé la mesure. Il ne peut donner à une étendue plus considérable les mêmes soins de culture, les mêmes fumures : sa situation devient moins bonne. Tout le monde est d'accord qu'un hectare bien fumé en vaut deux, mais combien peu nombreux sont ceux qui savent mettre ce principe en pratique ! Et ce n'est pas parce qu'il rapporte autant que deux qu'un hectare bien cultivé, bien fumé, en vaut deux, c'est parce qu'il donne un intérêt bien plus élevé de l'argent consacré à son acquisition et à sa mise en culture.

Aussi, que fit le Benoît de Mathieu de Dombasle, lorsqu'il se trouva, avec sa femme, à la tête d'un héritage qu'il s'agissait de faire valoir ? Il commença par en vendre une partie, afin de se constituer le capital nécessaire pour bien cultiver le reste : « Dieu sait, dit Mathieu de Dombasle, si tout le monde riait de cet arrangement : vendre des prés pour acheter des vaches ! Mais Benoît savait bien comment on nourrit des vaches sans prés, et il était bien sûr que les siennes ne mourraient pas de faim. »

Le deuxième secret de Benoît fut de bien labourer. Trop souvent les cultivateurs ne se rendent pas suffisamment compte de l'importance des labours. Le meilleur travail est, à leurs yeux, celui dans lequel les raies sont bien alignées, la terre suffisamment retournée, et ils s'inquiètent peu de la profondeur, ou plutôt ils déclarent que les labours profonds sont à peu près impraticables. La vérité est que, avec la plupart des vieilles charrues qu'on appelle partout charrues de pays, les labours profonds sont, en effet, très difficiles à exécuter. Les bonnes charrues ne coûtent pas plus cher, mais elles font un travail bien supérieur, elles fatiguent moins l'attelage, et permettent de marcher beaucoup plus rapidement. Le labour, bien pratiqué, suivi d'un hersage qui achève l'ameublissement du sol, est la première condition d'une bonne récolte. Comment en serait-il autrement ? La terre labourée est, pour la semence, suivant une

expression assez fréquemment employée, un véritable
lit dans lequel celle-ci se développe d'autant mieux que
les racines, d'une part, la jeune tige, de l'autre,
peuvent plus facilement s'étendre, La couche du sol
utile est limitée, sauf de rares exceptions, à celle qui
a été atteinte par le soc de la charrue ; plus elle est
profonde, et plus les racines deviennent fortes et par
suite plus toute la plante acquiert de vigueur. Les bons
labours dépendent d'ailleurs de la première condition
qui a été indiquée ; le cultivateur qui a une trop
grande surface à labourer ne peut lui donner les soins
nécessaires pour que ce travail soit exécuté d'une
manière parfaite.

Le troisième secret de Jean-Nicolas Benoît découle
encore du premier. C'est d'avoir le plus de bétail qu'il
est possible et de le bien nourrir. Cela est encore impossible quand on a une trop grande étendue de terres
pour ses ressources. Mais le bétail est, de toutes les
denrées agricoles, celle qui donne les plus hauts profits, et, par-dessus, il donne gratuitement son fumier
qui sert à entretenir et à améliorer la qualité des
terres. Quant à la manière dont il faut tirer parti du
bétail, elle dépend des circonstances spéciales dans
lesquelles chaque cultivateur se trouve placé. Ici il
aura plus d'avantage à élever de jeunes animaux ; là,
il lui sera plus profitable de garder des bêtes qu'il en-
graissera pour la boucherie ; ailleurs il devra entretenir des vaches à lait, ailleurs encore des porcs ou des
moutons. Tout cela dépend des circonstances locales,
qu'il faut savoir étudier : en règle générale, on doit

s'adonner au produit dont la vente est la plus certaine et
la plus lucrative. « Dans toute culture bien entendue,
dit Mathieu de Dombasle, on doit avoir pour principe
de faire consommer par des animaux, dans la ferme, la
plus grande partie qu'on peut du produit des terres ;
car cette partie produit de deux manières, c'est-à-dire
en argent et en fumier : tandis que les récoltes qu'on
porte directement au marché rapportent bien de l'argent, mais sont perdues pour l'amendement des terres.
Il n'y a pas de bonne culture là où l'on ne fait pas de
grands profits sur les bestiaux. » Ces conseils paraissent
écrits d'hier, tant ils sont empreints d'esprit pratique.
Pour les mettre à exécution, il faut consacrer une
grande surface aux plantes alimentaires pour le bétail.
Dans les terres légères, les pommes de terre donnent
d'abondants produits : dans les terres argileuses, on
peut les remplacer par les betteraves, les choux, les
féverolles, etc. D'un autre côté, le sainfoin, la lupuline,
les vesces, le maïs, le ray-grass et plusieurs autres
plantes fourragères peuvent remplacer le trèfle là
où il ne vient pas bien.

Le bétail bien nourri, conservé à l'étable pendant
une grande partie de l'année, donne un fumier abon-
dant, de bonne qualité, auquel quelques soins permettent de conserver toute sa qualité jusqu'au jour
où il est répandu sur les champs.

Nous arrivons ainsi au quatrième secret de Benoît :
la suppression de la jachère. Pourquoi, en effet, la
jachère couvre-t-elle chaque année de si grandes
étendues de pays ? C'est que le cultivateur n'est pas

assez riche pour faire autrement, ou plutôt qu'il ne sait pas assez bien employer sa fortune ou son petit capital. Citons encore Mathieu de Dombasle : « Le mal, dit-il, est que vous avez trop de terres, et que vous ne conservez pas assez d'argent pour les bien cultiver. Dans ce pays-ci, je remarque que, lorsqu'un homme serait en état de bien cultiver trois cents arpents de terre, il prend une ferme de mille arpents : vous dites alors qu'il n'est pas assez riche pour cultiver sa terre sans jachères ; moi, je dis que ce n'est pas lui qui est trop petit, mais sa ferme qui est trop grande. On ne paraît pas savoir qu'il faut toujours qu'un fermier soit plus fort que sa ferme. Il en est de même de ceux qui cultivent leur propre bien ; ils mettent tout leur avoir à acheter des terres, et ils ne songent pas à conserver l'argent qui leur serait nécessaire pour en tirer le meilleur parti. On reste pauvre, et, par conséquent, les terres sont mal cultivées. Vous remarquerez partout la justesse de ce proverbe en usage en Allemagne : Pauvre agriculteur, pauvre agriculture. Vous voyez bien que la pauvreté du cultivateur n'est que relative ; il ne doit jamais dire qu'il n'est pas assez riche pour cultiver ses terres ; il n'est question, pour établir l'équilibre, que de proportionner à ses moyens pécuniaires la quantité de terres qu'il cultive. » Le remède est donc à côté du mal.

Pour bien faire comprendre les préceptes, il faut donner des exemples. Je n'en citerai qu'un, mais il est tout récent, et emprunté à la classe des petits cultivateurs, ou plutôt des petits fermiers.

Il s'agit d'un cultivateur du département de la Sarthe, qui a pris à bail, il y a une vingtaine d'années, une ferme de 32 hectares, et qui, au dernier concours régional de la Sarthe, a obtenu la grande prime d'honneur, en concurrence avec les plus habiles agriculteurs de ce département. C'est M. Jouannault, fermier à Auvers-le-Hamon. Son instruction était faible, mais il avait le désir d'apprendre. S'inspirant des ouvrages traitant des matières agricoles, il comprit la nécessité de diminuer l'étendue consacrée aux emblavures pour augmenter sa production fourragère et fabriquer plus d'engrais ; l'avantage des cultures sarclées se révéla à ses yeux ; il acheta une charrue à labours profonds, un extirpateur et un semoir. Les premiers bénéfices qu'il fait sont employés à augmenter son bétail. Pendant les cinq premières années, l'intérêt du capital qu'il a engagé dans sa ferme n'atteint pas 5 pour 100 ; mais bientôt les bénéfices vont en augmentant, et, dans la deuxième période de son exploitation, l'intérêt du capital engagé atteint, en moyenne, 8 pour 100.

C'est ainsi que le labeur opiniâtre et le courage d'un homme qui a voulu sortir de la routine se trouvent récompensés. Et celui qui réalise le premier ces améliorations n'est pas le seul à en profiter : son exemple est contagieux. Le premier, M. Jouannault a employé le semoir dans la commune qu'il habite, et aujourd'hui on compte environ 60 semoirs adoptés par les cultivateurs, tant dans cette commune que dans les communes environnantes.

Cet exemple est frappant : mais on pourrait en citer

beaucoup d'autres qui seraient la preuve de ce que l'on peut obtenir avec l'énergie et la persévérance qui sont heureusement les qualités dominantes de la majorité des paysans français. Avec le travail, l'ordre et l'économie sont les indispensables facteurs de ces transformations.

La vérité des faits qui viennent d'être exposés est généralement admise ; mais la principale objection est dans les différences que présentent les natures de terres que l'on a à cultiver. Pour y répondre, nous laisserons encore la parole à Mathieu de Dombasle : « Chaque fois, dit-il, qu'on parle à certains culti-vateurs de procédés ou de méthodes qui sont en usage dans d'autres pays, leur réponse est toujours prête : la différence des terres, la différence des climats ; c'est là pour eux une raison suffisante pour ne rien essayer des choses les plus utiles qui se font à quarante ou cinquante lieues d'eux. J'ai beaucoup voyagé, et j'ai vu des terres de toutes les espèces ; je vous déclare que, sans sortir de trois ou quatre com-munes voisines de la vôtre, vous pouvez trouver des terres de la même nature que toutes celles que vous pourriez rencontrer dans une grande partie de l'Europe, depuis le sol le plus sablonneux ou le plus pierreux, jusqu'à la terre argileuse la plus compacte. Je ne prétends pas, au reste, que toutes les mé-thodes qui sont avantageuses dans un pays doivent être adoptées ailleurs indifféremment et sans examen ; mais il est absurde de repousser un procédé utile, par la seule raison qu'il vient de vingt, quarante ou même

cent lieues, lorsque le climat est à peu près le même
que le nôtre : se faire un prétexte pour ne pas l'essayer,
en se fondant vaguement sur la différence des terres et
des climats, c'est la ressource de la paresse et de
l'insouciance. »

Voici encore une dernière réflexion de Dombasle :
« Pour tous les cas et toutes les situations, rien n'est
plus important que de se pénétrer de l'idée qu'il faut
faire entrer le temps, et même un temps assez long,
comme un des principaux éléments de succès dans
une entreprise d'améliorations agricoles. En vain on
abrège d'avance ce temps par les calculs les plus sé-
duisants : l'inexorable vérité vient toujours réduire ces
calculs à leur valeur réelle. » C'est par des essais
exécutés d'abord sur une petite échelle qu'on peut,
presque sans dépense et en suivant par ailleurs la
méthode ordinaire de culture du pays, jeter les bases
des améliorations futures. On fait ainsi l'étude pratique des procédés que l'on doit employer, soit pour
introduire dans sa culture de nouvelles plantes, soit
pour déterminer la nature des spéculations auxquelles
on peut avoir avantage à se livrer sur le bétail. C'est
là la base solide sur laquelle on peut asseoir de légi-
times espérances de succès complet.

III

Le sol arable. •

Parmi les nombreuses branches de la science agricole, aucune n'est peut-être plus compliquée, plus
abstraite que l'étude des terrains au point de vue de
la production végétale. L'analyse physique des terres
et la classification des sols arables ont toujours été
négligées. On ne peut, en effet, donner le nom de
classification à la nomenclature des termes vagues,
souvent obscurs, ayant un sens variable suivant les
localités, qui ont été employés jusqu'ici, et qui appli-
quent souvent une même désignation à des terres
d'une composition très différente. Un chimiste bien
connu par d'importants travaux, M. Paul de Gasparin,
a consacré de longues recherches à élucider l'étude
des sols. Les résultats de ses travaux ont été réunis
par lui dans un ouvrage important, et doivent être
désormais considérés comme la base de cette étude.

Dans la pratique ordinaire, le rôle du chimiste, pour
la plupart des agriculteurs, doit se borner à leur
indiquer le dosage en azote, en acide phosphorique et
en potasse, des différentes matières et principalement
des engrais commerciaux qu'ils emploient pour leurs
cultures, et surtout afin de déterminer le prix auquel
ils doivent payer ces substances. Quant à la conve-
nance de leur emploi, c'est à l'expérience seule qu'ils
s'adressent.

L'agronome, au contraire, qui travaille à l'édification de la science agricole, ne se borne pas à ces notions toujours un peu vagues; il lui faut une connaissance plus approfondie des éléments constitutifs des agents culturaux et des méthodes pour doser même les substances les plus rares qui peuvent s'y rencontrer. Il ne demandera aux agriculteurs, en ce qui concerne les sols, que les échantillons eux-mêmes, avec les données topographiques, hydrologiques, météorologiques et économiques qui s'y rapportent. Avec ces données et les opérations du laboratoire, il fera ce travail de comparaison qui constitue la véritable science agricole. Les faits ainsi constatés entreront rapidement dans le domaine de la pratique; les agriculteurs en auront conscience, parce que la sûreté des méthodes, la confiance que donne au savant la multiplicité des coïncidences dans ses observations, convertiront les réponses vagues qu'il pouvait faire antérieurement en réponses précises, certaines et concluantes, qui seront une lumière pour les entreprises agricoles.

Pour étudier les terres dans le laboratoire, il faut réunir les échantillons, les analyser, les comparer et les classer. La réunion des échantillons ne demande que de courtes explications. L'analyse se divise en analyse physique et analyse chimique, et elle exige des détails minutieux. La comparaison nécessite le rapprochement, sous divers aspects, des résultats obtenus. Quant à la classification, elle demande un examen approfondi, car il serait puéril de croire qu'on pût se borner à ranger les terrains agricoles sous la

seule préoccupation d'une série de qualités déterminées, par exemple les caractères physiques ou chimiques ; elle présente, au contraire, plusieurs aspects
très différents qui, suivant les cas, doivent dominer.
Pour n'en citer qu'un exemple, on .peut classer les
terrains suivant l'ordre de leur ténacité ou celui de
leur fertilité ; il y a une classification économique,
comme il y a une classification géographique, une
classification physique, une classification géologique
et une classification chimique.

L'étude des eaux et celle des végétaux spontanés
ont leur importance. En effet, l'étude des terrains res-
terait incomplète, si l'on ne tenait pas compte du rôle
que peuvent jouer dans l'alimentation des végétaux
cultivés les eaux qui les traversent. D'un autre côté,
l'influence du sol lui-même dans cette alimentation a
pour point de départ logique la végétation spontanée,
c'est-à-dire la production qu'il peut donner avec ses
seules ressources, sans culture et sans apports extérieurs.

D'après M. Paul de Gasparin, les caractères qui
suffisent pour déterminer exactement une terre ara-
ble, au point de vue physique, sont au nombre de
trois : la continuité, la ténacité et l'immobilité. Tous
les degrés de l'échelle des diverses sortes de terre
peuvent être numériquement spécifiés, et, par conséquent, on peut arriver aux trois caractères contraires
des précédents, c'est-à-dire la discontinuité, la fria-
bilité et la mobilité. Ces trois déterminations suffisent ;
la perméabilité, qui est souvent indiquée comme un

des caractères primordiaux d'un sol, en est la conséquence, car tous les phénomènes du mouvement de
l'eau dans les sols arables dépendent exclusivement
de ces qualités.

La proportion des pierres qui existent dans un
sol doit être établie aussi avec soin. En effet, la détermination des qualités qui viennent d'être indiquées
est faite après l'enlèvement du lot pierreux. En
éliminant les pierres, on ne change pas d'une manière sensible la composition chimique du sol, au
point de vue des aliments assimilables par les plantes,
car ce n'est que dans des cas tout à fait exceptionnels
que ce lot renferme un maximum de quelques millièmes
de ces éléments. Mais, au point de vue économique,
la détermination exacte du lot de pierres a la plus
grande importance ; étant à peu près inerte, il occupe
dans le sol la place de parties actives, et la fertilité de
celui-ci est réduite d'autant. Ainsi, deux terres qui,
toutes choses égales d'ailleurs, contiendraient, l'une
50 pour 100 de lot pierreux, l'autre 10 pour 100,
seraient par cela même, pour la fertilité, dans le
rapport de 50 à 90. C'est ce qu'il ne faut pas oublier
dans la classification des sols, suivant leur valeur. Si
les pierres sont gênantes pour les travaux de culture,
elles sont sans influence réelle sur la consistance du
sol. Dans presque toutes les terres arables, leur rôle
est insignifiant. Seulement la densité de la terre est
accrue par la présence des pierres, et, par conséquent,
de plus grands efforts sont nécessaires pour en soulever et en transporter le même volume.

L'étude des propriétés chimiques des sols suit la classification physique ; elle a pour but de déterminer successivement l'acide phosphorique, la potasse, la chaux, la magnésie, la soude, la silice, le fer, l'alumine et les matières organiques. Cette étude de la composition chimique d'un sol se présente sous deux aspects distincts : l'influence de cette composition sur la consistance du terrain et sa richesse pour l'alimentation des végétaux cultivés.

Au point de vue de l'étude physique du sol, la connaissance des composants qui s'y trouvent en grande quantité présente seule quelque intérêt ; en ce qui concerne l'alimentation des plantes, tout l'intérêt s'attache aux éléments très disséminés. En effet, la meilleure partie de l'art agricole consiste à suppléer, par le choix bien entendu et une bonne répartition des engrais, à la rareté ou à l'absence des molécules organiques ou inorganiques qui, soit directement, soit indirectement, servent au développement de la vie végétale. Les substances alimentant les plantes sont, pour la plupart, fournies par l'atmosphère, les liquides qui traversent le sol, et les engrais. Quant au sol, les principes qu'il fournit directement n'entrent que pour une faible proportion dans la constitution organique du végétal : il doit fournir aux plantes une habitation sûre et commode, assurer la conservation suffisante des aliments organiques fournis du dehors, enfin donner les éléments fixes qui entrent d'une manière constante dans le squelette des végétaux, principalement dans les graines qui doivent les reproduire et

qui les résument en quelque sorte. Il faut donc déterminer non seulement la présence, mais aussi le
dosage et la dissémination de ces principes dans les
terres arables.

Pour les praticiens, la consistance du sol sera toujours le caractère dominant, et la classification natu-
relle, au point de vue du laboureur, sera celle qui
exprime les résistances que rencontre la charrue. Le
point de vue du savant est complètement différent ; il
ne peut adopter la classification du laboureur, parce
que deux sols égaux devant ce dernier peuvent être à
ses yeux aux deux extrémités de l'échelle agronomique. Au lieu donc d'adopter la classification physique,
ou même la classification physiologique, c'est-à-dire
celle qui repose sur la nature de la production du sol,
la science doit adopter la classification chimique,
c'est-à-dire celle qui découle des combinaisons intimes
entrant dans la composition des terres arables.

Les eaux souterraines jouent un grand rôle dans la
vie végétale ; elles servent souvent, comme M. Chevreul
l'a démontré, à amener de points éloignés certains éléments fertilisants dans un sol qui en était dépourvu ;
en outre, elles peuvent tenir à l'état de dissolution
certains composés tels que la silice, qui, sous une
autre forme, sont difficilement pris par la végétation.

En ce qui concerne l'étude de la végétation spontanée, c'est un des meilleurs indices pour reconnaître
la nature d'un sol à première vue. Aujourd'hui elle ne
peut avoir qu'une utilité pratique restreinte ; mais la
persévérance, dans la comparaison des terrains, de

leur végétation spontanée et de celle qui les envahit pendant les jachères, quand ils sont en rotation triennale, jettera, un jour, une vive lumière sur les rapports entre l'état du sol et la végétation, et elle servira à fixer les véritables principes de la statistique agricole.

IV

Fumiers et composts.

Un bon fumier est une des premières richesses du cultivateur. Le fumier est formé par le mélange des matières fécales ou déjections des animaux domestiques, avec les substances diverses, le plus souvent d'origine végétale, qui leur servent de litière. La valeur du fumier varie beaucoup, suivant la nourriture distribuée aux animaux, la litière qui leur est fournie, et la manière dont le fumier est préparé.

La quantité de fumier qu'un animal peut donner dépend, outre les circonstances accidentelles, de la nourriture qu'il reçoit et de la quantité de litière mise à sa disposition. D'une manière générale, une tête de bétail convenablement pourvue de fourrage et de litière donne environ vingt cinq fois son poids en fumier annuellement. En défalquant les quantités de déjections perdues lorsque les animaux sont dehors, M. Girardin est arrivé aux évaluations suivantes :

Un cheval de trait, pesant 600 kilog., donne par an 9 000 kilog. de fumier ;

Un bœuf de travail, pesant 600 kilog., en donne 11 000 kilog. ; — une vache laitière du poids de 400 kilog. en donne la même quantité, nourrie à l'étable ;

Un mouton, au pâturage, pesant 40 kilog., donne 500 kilog. de fumier ;

Un porc adulte, du poids de 100 kilog., en donne 1 000 kilog.

Les déjections des animaux se composent de parties solides et de liquides ou urines. Le principal but de la litière est d'absorber la plus grande masse de ces dernières. Le reste doit s'écouler par une rigole spéciale dans une fosse ; trop souvent, on voit ces liquides sortir des étables et se répandre sur le sol où ils sont perdus, quand ils ne vont pas empester l'eau des ruisseaux ou des mares. L'importance des parties liquides des déjections ressort de ce fait qu'elles sont beaucoup plus riches en principes utiles que les parties solides. C'est ainsi que leur richesse en azote est généralement triple de celle des excréments solides. Les quantités d'urines perdues dans les fermes sont énormes. On ne peut pas s'opposer aux déperditions qui ont lieu quand les animaux sont dehors ; mais les urines, évacuées par eux dans les écuries, étables ou bergeries, devraient être recueillies avec le plus grand soin quand elles ne sont pas absorbées par la litière. L'établissement d'une rigole aboutissant à une fosse à purin n'est pas une grande dépense, et les profits que le cultivateur en retire sont immenses.

Nous parlions de l'influence d'une nourriture co-
pieuse donnée à l'étable. Voici ce qu'en dit Mathieu
de Dombasle : « Il y a, dans cette augmentation, de
quoi doubler, dans presque toutes les circonstances,
le produit de toutes les récoltes de l'exploitation, et
par conséquent d'augmenter le produit net dans une
bien plus grande proportion, puisque les frais de culture sont les mêmes pour une terre richement amendée
et pour une terre pauvre. La proportion des fourrages
artificiels se trouvera augmentée de moitié par l'effet
de l'amélioration des terres de l'exploitation, ce qui
permettra non seulement de nourrir le même nombre
de bestiaux, mais d'en entretenir davantage. C'est sous
ce point de vue qu'on doit considérer la nourriture
à l'étable, si l'on veut apprécier toute l'importance de
cette méthode pour la prospérité d'une exploitation. »

Ces réflexions démontrent l'importance de l'extension des cultures fourragères, afin, d'augmenter la
quantité et la valeur du fumier, et par suite fournir
des ressources beaucoup plus grandes pour la production de récoltes plus abondantes.

Si la nourriture donnée aux animaux exerce une
grande influence sur la composition du fumier, la litière joue aussi un rôle important. Dans la plupart des
circonstances, ce sont les pailles des céréales qui sont
employées comme litière. En même temps qu'elles
possèdent une certaine richesse en matières azotées
et phosphatées, elles ont un pouvoir absorbant considérable pour les urines, et elles retiennent bien les
matières molles des déjections; en outre, elles procu-

rent aux bêtes un coucher agréable. Les tiges d'autres
plantes, et notamment des légumineuses, sont quelquefois employées. M. Girardin a propagé, en Normandie, l'usage des pailles de colza. Quand les pailles
manquent, on a parfois recours à des bruyères, à des
feuilles d'arbre, à la mousse, à la tourbe, à la sciure
de bois, à la tannée, aux fougères, et encore à d'autres
matières végétales. Quelques-unes de ces subtances
présentent un pouvoir absorbant considérable pour
les liquides ; mais la plupart doivent être laissées longtemps sous le bétail, afin d'en assurer la décomposition
par le piétinement. Le mieux, quand on'n'a que des
quantités restreintes de pailles, est de faire des litières
mixtes de paille et d'autres substances. — Des expériences ont été aussi suivies avec succès pour employer
la terre sèche comme litière, surtout dans des bergeries. D'après M. Malingié, les animaux se trouvent très
bien des litières terreuses et les moutons les préfèrent
à celles de pailles.

Les soins que l'on donne au fumier, quand il est
extrait des étables, forment la partie capitale de sa
préparation. Le plus souvent le fumier est mis en tas,
sur un point de la cour de la ferme, pour former ce
que l'on appelle le tas de fumier ; ailleurs, il est placé
dans une partie de la cour creusée en contre-bas, pour
former la fosse à fumier. C'est là que le fumier subit la
fermentation qui assure la décomposition de la litière
et amène une certaine homogénéité dans la masse.

Que le fumier soit placé directement sur le sol de la
cour, de manière à former une sorte de plate-forme,

ou qu'on le mette dans une fosse, des précautions doivent être prises, afin de régulariser sa fermentation. La première condition à remplir est de le mettre à l'abri des eaux pluviales découlant des toits ou venant des autres parties de la cour. Ces eaux, en pénétrant dans le fumier, dissolvent les sels solubles, et, en s'écoulant ensuite, entraînent une partie notable des principes utiles. Il faut donc entourer le tas soit d'un fossé qui l'isole, soit d'un parapet en pierres qui atteint le même but. Le fond doit être incliné de manière que le liquide qui s'échappe de la masse s'écoule dans une fosse spéciale, dite fosse à purin, qui doit recevoir aussi les liquides provenant des étables Pour que la fermentation soit poursuivie régulièrement, il est nécessaire que le fumier soit maintenu humide, mais il ne faut pas qu'il soit noyé. On maintient l'humidité normale, en arrosant de temps en temps la masse avec le purin. Ce liquide peut aussi être employé avec avantage pour arroser les prairies.

M. Vandercolme, agriculteur à Rexpoëde, près Dunkerque, et propriétaire de plusieurs fermes dans cet arrondissement, a résolu, il y a vingt ans, de réformer les habitudes de gaspillage du fumier; pour arriver au succès, il a voulu que les fermiers eux-mêmes donnassent l'exemple de l'amélioration qu'il a fait adopter. Il sait que les exemples donnés par un propriétaire seul ne sont pas suivis, mais que les fermiers imitent volontiers un des leurs qui réussit.

« A Armbouts-Cappel, comme à Killem, comme partout, écrivit-il, pendant tout l'hiver, une grande

partie du capital du fermier, sous forme de purin,
s'écoulait en pure perte dans les ruisseaux. La force
de l'habitude empêchait qu'on y attachât quelque
attention. Je crus urgent de porter remède à un tel

Fig. 2. — Vue de la fosse à fumier supposée vide et avant l'amélioration
apportée par M. Vandercolme.

état de choses et pour cela je m'efforçai d'obtenir
qu'on ne perdît plus un riche purin, alors qu'on en
achetait au loin à grands frais. Je trouvai un moyen
pratique, aussi simple que peu coûteux, de résoudre
ce problème. J'en fis la première application en 1862 à
Armbouts-Cappel, et j'ai continué depuis à en faire la
propagation à Rexpoëde et à Killem, en proposant

même aux cultivateurs de faire l'avance de la dépense, sauf à partager l'excédent de produit obtenu par le fait de l'amélioration du fumier ; de manière à faire les fonds d'un hospice pour les invalides de l'agriculture.

Fig. 3. — Vue de la fosse à fumier supposée vide après l'amélioration apportée par M. Vandercolme.

Ce moyen consiste à établir un petit parapet en terre sur trois côtés de la fosse à fumier, de manière à empêcher les eaux d'y affluer, et au besoin, sur le quatrième côté, un ruisseau en pavés de briques ou de pierres, ou bien encore un puisard rempli de briques cassées aboutissant à un tuyau de drainage. Selon la disposition des lieux, je varie les petits travaux d'appropriation qui me font atteindre mon but, qui con-

siste à ne jamais laisser entrer les eaux voisines dans la
fosse à fumier, afin de ne pas perdre une goutte de
purin. Jamais la dépense n'a été supérieure à une cen-
taine de francs par fosse à fumier, et elle varie en
général de 25 à 80 francs. » Pour tous ceux qui savent l'énorme déperdition d'engrais qu'on a à déplorer
en France chaque année, il n'est pas douteux, ajoute
M. Barral, que ce ne soit par centaines de millions de
francs que se chiffre la perte annuelle causée par les
lavages des fumiers ; énormes seraient les bénéfices
que donnerait l'imitation des quelques travaux bien
simples imaginés par M. Vandercolme, travaux qui ont
l'avantage de coûter très peu par rapport aux grandes
dépenses qu'exigent les grandes fosses à fumier construites suivant toutes les règles de l'art.

Dans un très grand nombre d'exploitations rurales, le
purin est absolument négligé ; on voit des filets de liquide noirâtre s'échapper du tas de fumier et se perdre
de tous côtés. C'est une négligence absolument impar-
donnable ; suivant l'expression de M. Girardin, le cultivateur qui perd son purin jette son argent à l'eau ou le
sème sur la route.

S'il est nécessaire de conserver une humidité rationnelle au fumier, il faut le garantir contre une évaporation trop rapide, et dans ce but le tasser fortement à
la surface, en répandant uniformément sur toute la
masse le fumier frais qu'on apporte de l'étable. C'est
pour opérer ce tassement que l'on a souvent l'habitude
de faire piétiner le fumier par le bétail. Le travail se
fait ainsi avec uniformité dans toutes les couches. La

macération du fumier en double à peu près la densité ; quand il est sorti de l'étable, il pèse environ de 350 à 400 kilogr. au mètre cube ; lorsqu'il est arrivé à l'état normal, il pèse, suivant les circonstances, de 700 à 800 kilogr. par mètre cube. Il renferme à peu près les trois quarts de son poids d'eau.

Quand on enlève le fumier, pour le transporter dans les champs, il faut attaquer le tas par tranches verticales ; on obtient ainsi une masse homogène. En effet, la fermentation de la partie inférieure est toujours plus avancée que celle de la partie supérieure ; si on les isolait en enlevant le tas par couches horizontales, la répartition de la fumure serait loin d'être égale.

Les proportions du fumier à employer sur une culture varient suivant la quantité dont on peut disposer, la nature de la récolte, etc. En règle générale, il ne faut employer les fumiers frais et longs que sur les terres compactes et argileuses. L'enfouissement ne doit pas se faire profondément, mais il faut se garder de laisser longtemps à l'air les petits tas de fumier formés dans les champs avant l'épandage et le labour qui le suit.

Le cultivateur peut se procurer sans dépenses des quantités assez considérables d'autres engrais, en préparant avec les détritus de la ferme, des mélanges auxquels on donne le nom de *composts*.

Les substances qui entrent le plus communément dans la préparation des composts sont les balayures de cours, les eaux grasses de ménage, les débris de cuisine, et en général toutes les matières animales ou végétales susceptibles de putréfaction. Ces substances sont stratifiées avec des terres. Les mélanges sont remués de temps en temps de manière que toutes les parties se pénètrent intimement.

Il est bon d'arroser assez souvent ces tas, afin que la désorganisation des matières organiques se fasse plus facilement. Pour obtenir ce résultat, on peut mélanger aux composts une faible quantité de fumier.

Toutes les matières organiques qu'on laisse perdre trop souvent peuvent servir à faire des composts. Parmi les principales, il faut citer la tourbe, la sciure de bois, le bois pourri, les feuilles d'arbres, les mauvaises herbes, les débris de paille, les balles de céréales qui restent après le battage, les chénevottes de chanvre et de lin, la poussière des greniers à foin, les ratissures d'allées, les épluchures de légumes, les gazons, les marcs de raisin, les marcs de pommes à cidre, les terres provenant du curage des fossés, des mares des étangs, les sables de route imprégnés des excréments d'animaux, les charrées, les cendres de cheminée, celles de houille, etc. On peut employer de la même manière les débris de cuir, les os de boucherie, les cadavres et le sang de bêtes mortes, les résidus de toute sorte. « Tout doit être utilisé dans une ferme bien administrée, dit M. Girardin, car tout peut servir à l'engraissement des terres et suppléer à la disette des fumiers. Le cultivateur peut, dans toutes les positions, dans toutes les localités, trouver sous sa main d'immenses ressources pour entretenir et accroître la fertilité de son sol. Son intelligence les étendra à mesure que sa pratique deviendra plus éclairée. »

Engrais verts. — Dans quelques contrées, on a l'habitude de faire des fumures dites vertes, en semant diverses plantes à des époques déterminées et en les enfouissant dans le sol, par un labour, quand elles ont atteint un certain développement. Les plantes auxquelles on a recours dans ces circonstances sont des plantes herbacées d'une croissance rapide. Le plus souvent, ce sont des légumineuses.

Les plantes qui sont cultivées dans ce but sont, suivant les circonstances, le lupin, les vesces, le trèfle, le seigle, le maïs, la moutarde, etc. Les ensemencements se font à la fin du printemps ou au commencement de l'été. A l'automne, on passe un rouleau sur le champ, de manière à bien coucher les tiges. La charrue qui vient ensuite les renverse, dans le sillon ouvert, avec la bande de terre qui les porte.

La pratique de l'enfouissement des engrais verts est principalement utile dans les terres sèches et sablonneuses. Elle les enrichit en matières organiques, en même temps qu'elle leur donne de la consistance. Dans quelques parties de l'Allemagne, de grandes étendues de terres sablonneuses, à peu près arides, ont été transformées par la culture du lupin enfoui ensuite en fumure verte.

Les vieux gazons que l'on retourne avec la charrue, l'herbe des prairies que l'on défriche pour les convertir en terres arables, peuvent aussi être considérés comme des fumures vertes.

On peut rattacher à ces fumures l'emploi des plantes marines connues sous le nom générique de *goëmon*, qui se fait sur une grande échelle, sur une partie du littoral de l'Océan, notamment en Bretagne. La récolte du goëmon se pratique à deux époques, au printemps et à l'automne. Ces plantes sont riches en matières azotées, et elles sont toujours plus ou moins mélangées de débris de matières animales et de coquillages qui en augmentent la valeur fertilisante. Le goëmon est enfoui dans le sol à l'état vert. Parfois on le mélange avec du fumier, pour qu'il subisse un commencement de putréfaction, avant d'être mis dans le sol. Quelques cultivateurs enfin font brûler les goëmons, pour répandre les cendres dans les champs.

V

Graines et semailles.

Les graines des diverses plantes ne gardent pas d'une manière indéfinie leur faculté de germer. Toutefois, quand les grains ont été conservés dans des conditions convenables, la vitalité des germes peut subsister pendant un très grand nombre d'années. M. Girardin a fait germer des haricots pris dans l'herbier de Tournefort, où ils étaient déposés depuis plus de cent ans; Thaër, ayant fait transporter sur les planches d'un jardin une terre trouvée sous un vieux bâtiment, y vit germer une multitude de marguerites dorées qu'on n'avait jamais vues à cette place. Ainsi encore, dans les travaux de terrassement souvent effectués dans les campagnes, on voit parfois apparaître, au bout de quelque temps, sur les tranchées, des plantes dont les graines avaient été enfouies, par des circonstances variées, à une grande profondeur.

Il est peu de plantes qui aient été soumises à autant d'essais que le blé, au point de vue des facultés germinatives. Les auteurs les plus anciens parlent de la conservation indéfinie du pouvoir de germer de la graine de blé. Pline assure en avoir vu germer qui avait cent ans de conservation. Des expériences nombreuses ont été faites qui ont prouvé que le blé, conservé avec soin dans des bocaux de faibles dimensions, à l'abri de l'action des insectes, conserve sa faculté germinative pendant un grand nombre d'années. Mais il n'en est pas de même pour les blés conservés en grenier ou en silo; ils perdent progressivement, et dans une assez forte proportion, leur faculté germinative; au bout de quatre ans, il n'y en a plus qu'une très faible quantité qui soit apte à germer. Il est donc prudent de ne se servir, pour les semailles, que de blés de la récolte précédente ou tout au plus de deux ans. Quand on achète les blés de semence, il faut, avant de s'en servir, constater leur faculté germinative.

Ce qui vient d'être dit des blés s'applique à la plupart des autres céréales. Dombasle a fait, sur la durée de la puissance germinative d'un grand nombre de graines, des expériences intéressantes :

La faculté germinative du trèfle rouge dure deux ans; celle du trèfle blanc deux à trois ans. Pour le sainfoin, il faut se servir, dans les semailles, de graines de la récolte précédente. Au contraire, pour les vesces, on peut sans crainte employer des graines âgées de cinq à six ans.

Parmi les autres graines, voici quelles seraient les durées de leurs facultés germinatives : graines de pois, trois à quatre ans et même plus; de carottes, deux à trois ans; de choux, de navets, cinq à six ans; de betteraves, jusqu'à dix ans. Mais, pour les panais, il faut employer des graines de la récolte précédente; dès la deuxième année, elles ne germent plus. Les semences de plantes potagères récoltées avec soin, conservées dans des petits sacs, dans un endroit très sec, se conservent en bon état et avec leur faculté germinative : pour les graines d'oignons, de poireaux et de persil, pendant deux ans; pour celles de cerfeuil et de pois, pendant trois ans; pour celles de carottes et de laitues, pendant quatre ans; pour celles d'endives, de mâches et de navets, pendant quatre à cinq ans.

Des essais faits sur les graines d'arbres forestiers, il résulte que celles de chêne et de bouleau sont encore bonnes au bout de deux et même de trois ans, mais que celles de frêne, d'aune, d'orme et d'érable conservent difficilement leurs facultés germinatives pendant plus d'un an.

On a souvent préconisé un grand nombre de liquides

destinés à imbiber les semences, afin d'en hâter ou d'en faciliter la germination. Ils ne donnent, pour la plupart, que des résultats tout à fait négatifs. La raison en est facile à comprendre. L'embryon n'absorbe de nourriture extérieure qu'après sa germination, car pendant cette opération il trouve des aliments en quantité surabondante dans la graine elle-même. L'emploi de ces liqueurs ne doit donc pas être conseillé.

Il en est autrement de ce qu'on appelle le pralinage des graines. Cette opération consiste à faire adhérer aux graines un mélange pâteux formé de matières azotées et d'argile. Ce mélange peut servir de nourriture à la jeune plante quand elle a percé les enveloppes de la graine. Mais il faut se garder de le former avec des substances trop rapidement solubles ou trop énergiques, car une nourriture trop forte peut tuer la plante dès sa naissance.

Les semences doivent être, en tous cas, nettoyées avec soin, c'est-à-dire débarrassées des graines étrangères qui peuvent y être mélangées, des graines cassées ou trop petites, etc. C'est à l'aide d'instruments spéciaux, appelés trieurs, qu'on obtient ce résultat. Les trieurs consistent, en principe, en une toile métallique formant cylindre, percée de trous d'une forme et d'un diamètre déterminés, à l'intérieur de laquelle on fait passer les graines; celles-ci sont divisées en catégories par la rotation du cylindre et déposées dans des récipients spéciaux à chaque catégorie. Il y a aujourd'hui plusieurs excellents modèles de trieurs qui donnent un très bon travail. Il faut citer notamment ceux de Marot et de Pernollet.

Pour les graines fourragères sujettes à être atta-
quées par la cuscute, notamment le trèfle et la
luzerne, elles doivent être soumises à un triage spécial pour les débarrasser des graines de cuscute qui
peuvent y être mélangées.

Enfin, il est une précaution importante pour les se-

Fig. 4. — Appareil pour égoutter le blé sulfaté.

mences de céréales et notamment du blé; c'est ce
que l'on appelle le chaulage ou le sulfatage. Cette opération a pour but de détruire dans leurs germes les
maladies, notamment la carie, qui, dans certaines
années, infestent les blés. Les spores de ces parasites
sont mélangées avec les semences de la céréale. Plusieurs systèmes de chaulage ou de sulfatage ont été
proposés : les agents les plus efficaces sont le sulfate

de cuivre, le sulfate de soude, la chaux hydratée et l'acide sulfurique.

1° Le sulfatage avec le sulfate de cuivre ou le vitriol bleu se pratique de la manière suivante : on fait dissoudre un kilogramme de sulfate de cuivre dans un hectolitre d'eau. Lorsque la solution est achevée, on plonge dans le liquide une manne renfermant un hectolitre de grains ; on enlève d'abord les grains qui surnagent, puis on retire la manne ; on laisse égoutter quelque temps et on jette le grain tout mouillé sur le sol du local où se fait l'opération, ou bien dans une caisse placée sur des tréteaux, comme on le voit dans la figure 4 ; le grain se ressuie. Au bout de douze à quatorze heures, le grain ainsi préparé peut être semé.

Après chaque immersion d'un hectolitre de grain dans le bain, il est bon de remplacer la proportion de liquide enlevée par la manne. A cet effet, en prépare toujours d'avance une certaine quantité de solution destinée à remplacer le liquide absorbé.

2° Le chaulage au sulfate de soude se fait avec une solution de sulfate de soude brut (sel de Glaubert), à raison de 5 kilogrammes de sel pour 1 hectolitre d'eau. La manière d'opérer est la même que pour le sulfatage, avec cette différence que le grain mouillé, quand il a été jeté sur le sol, est saupoudré de chaux éteinte en poudre, à raison de 1 à 2 kilog. par hectolitre de grain.

3° Le chaulage proprement dit se pratique de la manière suivante : on met dans un baquet 1 litre de chaux vive, et on verse dessus environ 10 litres d'eau chaude ou à peu près bouillante. Lorsque le mélange de chaux hydratée s'est bien fait, on ajoute 2 litres d'urine de cheval. Le tout est versé sur 1 hectolitre de blé répandu sur le sol, et que l'on retourne en tous sens avec la pelle, afin d'obtenir un vrai pralinage des grains. Les semailles peuvent être faites au bout de 24 heures.

4° Le chaulage avec l'acide sulfurique consiste à immerger le blé de semence pendant 24 heures dans une eau acidulée formée de 150 parties d'eau et d'une partie d'acide sulfurique concentré. Le grain est, lorsqu'il a été égoutté, saupoudré avec de la chaux éteinte.

Choix des semences. — Il n'est pas indifférent de prendre telle ou telle graine d'une variété pour faire les semailles. Il en est des plantes comme des animaux ; pour donner un beau produit, il faut de bons ascendants. Le choix des graines se recommande donc spécialement à l'attention des cultivateurs.

Les graines destinées aux semences doivent, autant que possible, être issues de plantes robustes et bien constituées, qui ont été récoltées après une maturation complète. Les graines légères, et qui surnagent sur l'eau, doivent être rejetées. On s'assure, en outre, de la faculté germinative en mettant quelques graines à germer dans un lieu chaud, entre deux bandes de drap humide dans une soucoupe.

D'une manière générale, les graines lourdes, grosses, bien constituées, c'est-à-dire présentant bien les formes propres à leur espèce, sont celles qui doivent être choisies de préférence.

Semailles. — On donne le nom de semailles à l'opération de répandre, dans un champ cultivé, les graines qui doivent y donner une récolte. Les semailles se font, suivant les plantes, soit à l'automne, soit au printemps.

Pour les unes et pour les autres, la première règle générale est que cette importante opération doit être faite, autant que possible, au commencement de la saison. A l'automne, les plantes peuvent ainsi prendre une certaine vigueur pour résister à l'hiver ; au printemps, elles ont plus de temps pour accomplir les diverses phases de la végétation avant le moment de la moisson.

Les semailles peuvent se faire de diverses manières. Pour les grosses graines, elles sont le plus souvent semées soit au plantoir, soit dans de petits trous creusés avec la houe et qu'on appelle poquets, soit enfin sous une raie de charrue. Quant aux graines de petites dimensions, elles sont répandues sur le sol, soit à la main et à la volée, soit en lignes régulières au moyen d'une machine qui porte le nom de semoir.

La profondeur à laquelle la graine doit être enterrée varie suivant les espèces. Sans entrer dans des détails à cet égard, il est une remarque qu'il est important de faire. Des cultivateurs ont parfois l'habitude de semer des engrais en même temps que les graines, afin de hâter la pousse de la plante. Ce procédé offre souvent des inconvénients ; la jeune plante peut être brûlée par le contact immédiat avec l'engrais. Il vaut mieux répandre celui-ci avant les semailles, de manière que la plante puisse en profiter dès après la germination, mais sans qu'elle puisse en souffrir.

Après les semailles, on passe sur le sol un rouleau de

bois qui en tasse la superficie et donne à la graine plus
de cohésion avec la terre. Cette opération est inutile
avec la plupart des semoirs dont les godets sont accom-
pagnés de petits rouleaux qui enterrent la semence.

La quantité de graine à employer pour une surface
déterminée varie suivant les plantes et suivant la méthode adoptée pour les semailles. Voici, pour les principales plantes cultivées, les quantités ordinairement
employées par hectare :

Blé	150 à 350	litres.
Seigle	200 à 250	—
Avoine	225 à 300	—
Orge	200 à 300	—
Maïs	40 à 60	—
Luzerne	20 à 25	—
Trèfle	20 à 25	—
Sainfoin	125 à 160	—
Ray grass	50 à 60	—
Betteraves	4 à 5	—
Colza	7 à 10	—
Lin	130 à 250	—

Avec les semoirs, on économise beaucoup de graine.
Dans quelques exploitations du Nord, la quantité de
semence de blé employée est inférieure à 100 litres.
Celle-ci étant enterrée régulièrement, il s'en perd
beaucoup moins, soit par l'effet du vent, soit par une
autre cause. L'emploi de ces instruments présente
encore d'autres avantages. Les principaux sont :
d'assurer une levée plus régulière, de permettre les
sarclages, de rendre facile la circulation de l'air et
de la lumière entre les plantes, de diminuer ou au

moins d'atténuer la verse, et enfin d'assurer presque toujours un rendement plus considérable. Néanmoins ces utiles engins sont encore peu répandus ; les grands semoirs sont peu accessibles à la petite culture à raison de leur prix élevé ; mais il en est quelques modèles qui pourraient fructueusement pénétrer presque partout.

Dans la culture potagère, afin de hâter la germination des graines et la levée des plantes, on a recours à ce qu'on appelle les semis sur couches. Ces semis se font sur du bon terreau, qu'on peut arroser à volonté, parfois recouvert d'un châssis vitré, pour y concentrer la chaleur. Lorsque les jeunes plantes ont acquis une vigueur suffisante, elles sont transplantées à la place où elles doivent achever leur végétation.

On a parfois recours à ce procédé dans la grande culture, pour compléter les champs de certaines plantes, telles que les betteraves, les navets, etc., dont la levée a été irrégulière.

VI

Les machines dans les champs.

1º *Charrues et appareils de culture.*

Lorsque l'homme a voulu assurer son existence en confiant au sol des graines choisies dont il récolterait

les fruits, le premier instrument dont il s'est servi a
été la pioche. La première pioche n'était pas ce que
cet outil est devenu ; les plus anciennes qui soient
connues remontent aux temps préhistoriques, et elles
sont en corne de cerf; elles ont été trouvées par
Boucher de Perthes dans les tourbières d'Abbeville.
Elles ne pouvaient guère servir qu'à gratter la terre,
et non à la remuer à une certaine profondeur.
L'instrument s'est peu à peu modifié; le fer a
remplacé la corne ou le bois, mais la forme générale
est demeurée la même. C'est l'outil qni incline le
plus vers le sol le front du laboureur. Que celui-ci se
serve de la pioche à une dent ou à plusieurs dents,
ou qu'il emploie la houe, dans laquelle les dents sont
remplacées par un fer plat, le résultat est le même ;
au bout de quelques années, son dos se voûte pour
toujours.

La bêche peut être considérée comme un perfectionnement. Elle est formée par un fer, tranchant
à sa partie inférieure et dont la partie supérieure
est munie d'une douille dans laquelle s'emboîte
un manche en bois. Il y a une foule de modèles
de bêches : à fer carré, rond, plat ou creux, à
manche droit ou recourbé, avec ou sans poignée à
son extrémité. L'usage de ces divers modèles varie
avec les pays, aussi bien que suivant le mode de
culture ou la nature du sol. Ces instruments sont
aujourd'hui ce qu'ils étaient naguère; la différence
est dans la qualité du fer ou dans la nature des bois
employés pour le manche. La bêche est demeurée et

restera probablement le principal outil du jardinier, on peut dire son emblème. Elle est encore souvent employée, dans quelques pays, aux travaux des champs par les paysans qui n'ont que des surfaces tout à fait restreintes à cultiver ; elle est, avec la houe, l'inséparable compagne du vigneron pour les façons à donner aux vignes.

Mais le véritable instrument de labourage est la charrue. On en rencontre des traces dans la plupart des monuments que les anciens peuples ont laissés. Primitivement, elle consistait en une branche de bois recourbée, dont l'une des extrémités, durcie au feu, servait à fouiller le sol, tandis qu'à l'autre extrémité était attelé un animal de trait. L'homme servait même parfois à remplacer le bœuf ou le cheval. Cette charrue est encore, avec quelques modifications, l'instrument de labour des Égyptiens et des tribus nomades des côtes septentrionales de l'Afrique. Mais, en Europe, elle s'est peu à peu perfectionnée. Virgile nous a laissé la description de l'antique charrue romaine qui est restée en usage pendant des siècles, en Italie et dans le midi de la France. Elle se composait d'un age en bois cintré ; à l'une de ses extrémités on adaptait un timon, et à l'autre on fixait deux oreilles et un soc doublé de fer. Au-dessus du soc partait un long manche en bois de hêtre, qui servait de gouvernail au laboureur pour guider la charrue. En appuyant sur ce manche, il faisait pénétrer plus ou moins profondément le soc dans la terre. Les observations et les usages de chaque pays, de chaque province, modifièrent ce type dans les siècles suivants. Le principal perfectionnement consista d'abord dans la substitution complète du fer au bois dans la construction du soc. Dans quelques pays, on adapta à l'extrémité antérieure de l'age un avant-train formé de deux roues.

C'est dans les Flandres et en Angleterre, au xviiie siè-cle, que l'on commença à se préoccuper d'améliorer les charrues. En France, c'est à Mathieu de Dombasle que nous devons la première charrue réellement perfectionnée, et c'est le type qu'il a créé qui a servi de point de départ pour la construction des nombreux instruments dont l'agriculture dispose aujourd'hui. C'est à lui aussi que l'on doit le premier concours de charrues et de labourage qui ait été tenu en France; c'est le 14 juin 1824 qu'eut lieu ce concours. Cette date est à retenir; aujourd'hui, il n'y a peut-être pas de canton en France qui n'ait son concours de laboureurs. Si la construction des appareils de labourage était demeurée si arriérée, c'est qu'on l'abandonnait complètement à des charrons et à des maréchaux de village, n'ayant pas de connaissances techniques et copiant le modèle informe qu'ils avaient sous les yeux. A Mathieu de Dombasle revient encore l'honneur d'avoir créé la première fabrique d'instruments d'agriculture et d'avoir ainsi donné naissance à une industrie qui est devenue très florissante.

Une bonne charrue doit couper la terre dans le sens vertical jusqu'à une certaine profondeur, et horizontalement à cette même profondeur, puis soulever la couche ainsi détachée et la retourner en la rejetant sur

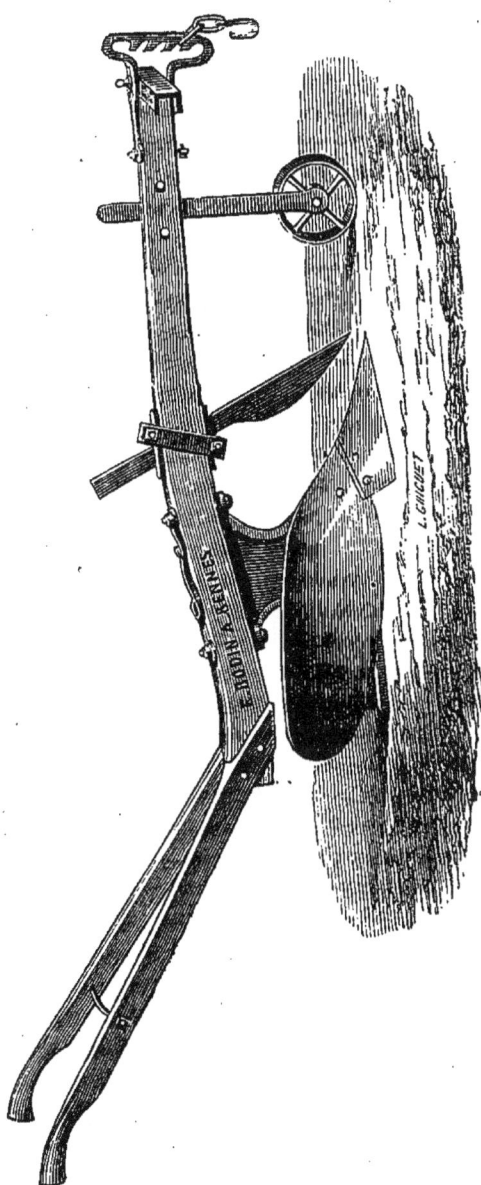

Fig. 5. — Charrue Dombasle, construite par Bodin.

le côté. Le coutre et le soc servent à faire les deux premières entailles ; le versoir, placé au-dessus du soc, retourne et rejette la bande de terre. Toutes ces pièces sont fixées à un axe horizontal ou age sur lequel s'exerce la traction et qui est muni à l'arrière de deux mancherons servant au laboureur pour guider la charrue. Quand l'instrument est muni d'un avant-train, c'est une charrue composée, ou charrue purement et simplement ; quand il n'a pas d'avant-train, il porte le nom d'araire. La charrue Dombasle a été imitée partout. C'est ainsi que la charrue dite de Grignon est une charrue Dombasle dans laquelle le coutre et le sep ont été plus rapprochés, de manière à diminuer la longueur de l'age, en donnant à celui-ci une forme cintrée. Aujourd'hui la plupart des constructeurs de charrues fabriquent des instruments dérivant de celui de Dombasle, avec des perfectionnements que l'expérience a sanctionnés (fig. 5).

La profondeur du labour avec l'araire ou la charrue ordinaire, même quand l'age est muni d'un régulateur, c'est-à-dire d'une tige verticale mobile dans une mortaise et sur laquelle s'attache la volée d'attelage, dépend trop du laboureur pour qu'il n'y ait pas des irrégularités dans le travail quand l'ouvrier n'a pas une main très expérimentée. C'est pour obvier à cet inconvénient qu'on a depuis longtemps adopté, dans le nord de la France, la charrue dite brabant. Elle ne diffère du type Dombasle que par l'adjonction, à la place où s'adapte ordinairement le régulateur sur l'age, d'un support vertical, emmanché dans celui-ci, pouvant y glisser et s'appuyant à la partie inférieure sur le sol, soit par un patin, soit par une petite roue. Ce support règle donc la profondeur du labour qui demeure constante, sans efforts de la part du laboureur. La charrue brabant a pris partout une grande extension ; elle donne un excellent travail.

L'habitude des labours à plat a fait naître l'emploi des charrues dites tourne-oreilles. Dans ces charrues,

Fig. 6. — Charrue brabant double, de Bajac.

le soc et le versoir peuvent tourner autour de l'age ; quand le laboureur a terminé une raie, il retourne la charrue et le soc, et il fait immédiatement la raie suivante en versant toujours la terre dans le même sens. Les charrues brabant doubles (fig. 6), aujourd'hui si répandues, servent dans le même but : elles se composent de deux charrues superposées de telle sorte, qu'on laboure toujours dans le même sens en faisant tourner alternativement les deux corps de charrue autour de l'age, suivant la direction dans laquelle on marche. La célèbre charrue Vallerand, destinée aux grands défoncements et qui a été souvent imitée, a été construite aussi d'après les mêmes principes.

« Les labours, disait Mathieu de Dombasle, sont l'opération capitale de la culture des terres; car rien n'exerce une plus puissante influence sur la quantité des produits que les circonstances diverses qui se rapportent à cette opération. Les cultivateurs expérimentés disent souvent que bien labourer et bien fumer sont les bases d'une bonne culture; il y a ici cependant cette distinction à faire que, pour appliquer aux terres de grandes quantités de fumier, on est souvent arrêté, du moins pendant fort longtemps, par des obstacles très difficiles à vaincre... Mais, pour exécuter de bons labours, il ne faut ordinairement que le vouloir, c'est-à-dire employer de bonnes charrues et apprendre à bien s'en servir. Dans une multitude de cas, il n'en coûtera pas plus cher à un cultivateur pour labourer ses terres avec perfection que pour leur donner les misérables cultures auxquelles on les soumet trop souvent. » Les progrès réalisés dans la construction des charrues depuis Mathieu de Dombasle, rendent encore plus évidente la vérité de cette affirmation. Aujourd'hui le cultivateur, à quelque partie de la France qu'il appartienne, trouve à sa

portée de bons constructeurs de charrues, qu'il s'agisse
de faire des labours de défoncement pénétrant jusqu'à
35 centimètres de profondeur, ou bien des labours
ordinaires à la profondeur de 20 à 30 centimètres, ou
bien encore des labours superficiels.

Le progrès principal réalisé dans la construction des
charrues, depuis dix ans, a été la création de charrues
réellement pratiques à deux ou à plusieurs socs.
L'usage de ces instruments se répand d'autant plus
rapidement que l'agriculture se perfectionne davantage et que les terres des exploitations ont été plus
ameublies par les labours précédents. Les charrues
bisocs, construites soit en France, soit en Angleterre,
permettent, pour les labours de moyenne profondeur,
une grande économie de temps et de main-d'œuvre.
Récemment, la célèbre maison Howard a commencé
la construction de charrues à trois et à quatre socs qui
sont d'un emploi très commode, particulièrement
pour les déchaumages et les deuxièmes labours, parce
qu'il est très facile de régler l'épaisseur de la tranche
de terre soulevée et renversée. En effet, en sé servant
d'un levier à cran, on peut varier la profondeur du
labour depuis 4 jusqu'à 25 centimètres; le travail
régulier avec ces instruments, s'exécute généralement
à une profondeur de 15 à 18 centimètres.

La plupart des constructeurs de charrues ont adopté
le fer et l'acier pour leurs socs, et ils s'en trouvent
bien. Il faut cependant signaler que quelques fa-
bricants anglais, font les socs de leurs charrues en
fonte durcie par la trempe. L'expérience paraît

prouver que ces socs sont moins susceptibles de s'user rapidement que ceux en fer ou en acier ; un soc neuf coûte d'ailleurs moins cher que le rechargement d'un

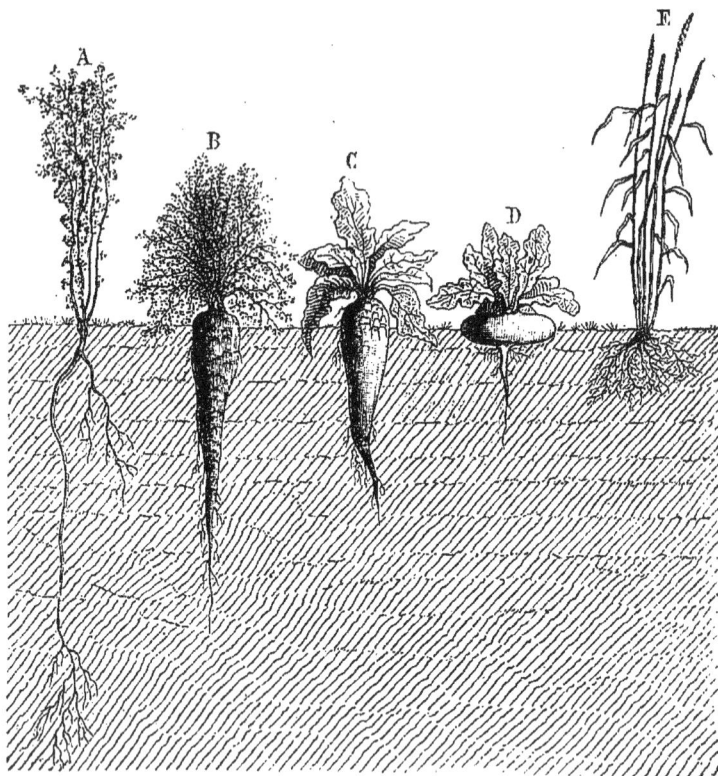

Fig. 7. — Longueur des racines de quelques plantes agricoles.

soc en fer. C'est un fait à constater, sans cependant y attacher une importance exagérée.

L'importance de bons labours ressort de ce fait

que les racines de la plupart des plantes cultivées
descendent à une grande profondeur dans le sol.
Voici (fig. 7), d'après Girardin et Du Breuil (*Traité*

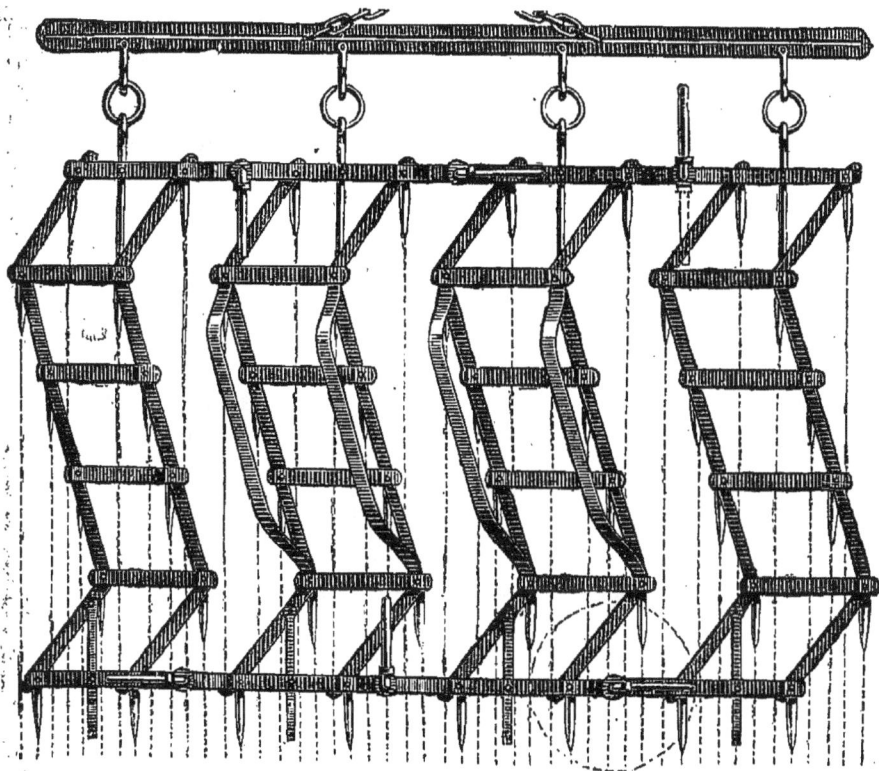

Fig. 8. — Herse articulée de M. Émile Puzenat.

élémentaire d'agriculture), la profondeur proportionnelle à laquelle descendent les racines de quelques
plantes : A, luzerne, plus d'un mètre ; — B, carotte,

à 0^m,60; — C, betterave, à 0^m,45 ou 0^m,50; - D, navets, à 0^m,30 ; — E, céréales, à 0^m,20 ou 0^m,25.

La construction des appareils auxiliaires de la charrue pour la préparation du sol : déchaumeurs, herses (fig. 8), rouleaux (fig. 9), etc., a suivi les mêmes progrès que celle des charrues. Quelques modèles sont à peu près uniformément adoptés aujourd'hui par les constructeurs, avec quelques modifications de détail. La plupart de ces instruments sont excellents et donnent un très bon travail, pourvu qu'on ait soin de ne leur demander que ce qu'ils doivent faire en réalité. C'est, en effet, une tendance qu'on rencontre trop souvent, de vouloir généraliser l'emploi d'un instrument et de le condamner quand il ne répond pas à toutes les exigences. Une charrue pour déchaumer n'est pas une défonceuse ; une herse à enterrer la semence n'est pas une herse lourde, etc. Il suffit d'énoncer cette remarque pour qu'on en reconnaisse la justesse.

2° *Locomobiles et machines à battre.*

Il y a vingt-cinq ans, la vapeur commençait à faire son apparition dans les exploitations rurales en France. La machine à vapeur ne fut que difficilement acceptée par la plupart des agriculteurs ; on avait contre elle beaucoup de préventions. « Après 1851, racontait récemment M. Barral, revenant d'Angleterre où j'avais vu les premiers usages de la vapeur dans les fermes, j'annonçai qu'il y avait là l'aurore d'une révolution en agriculture. Je ne rencontrai qu'incrédulité, sou-

Fig. 9. . Rouleau système Crosskill de M. Pécard.

rires moqueurs, exclamations de pitié pour ma naï-
veté. Aujourd'hui la vapeur est partout, jusque dans
les plus humbles hameaux. » C'est que les faits constatés chez ceux qui, les premiers, ont adopté la vapeur,
ont eu peu à peu raison de toutes les préventions ; une
véritable industrie s'est créée pour la fabrication des
machines à vapeur agricoles, et cette industrie est
prospère.

A l'Exposition universelle de 1867, les machines à
vapeur locomobiles pour les usages agricoles faisaient
déjà très bonne figure. Depuis douze ans, les principaux progrès ont été réalisés en vue d'obtenir une
plus grande économie de combustible, de régulariser
la marche de la machine, et d'arriver à une réduction
aussi complète que possible des espaces nuisibles
dans les cylindres. Dans les locomobiles de 5 chevaux
(force nominale), les plus répandues chez les agriculteurs, la surface de chauffe varie, suivant le modèle des
constructeurs, de 1 mètre 50 à 2 mètres par cheval-
vapeur ; la quantité de charbon exigée par cheval et
par heure de travail est de 3 à 4 kilog. Quelques constructeurs agricoles ont adopté depuis plusieurs années,
pour augmenter l'économie de combustible et la force
de la machine, le système de chauffage dit à retour
de flamme. Dans ce système, la cheminée est placée
au-dessus du foyer, et les produits de la combus-
tion, après avoir traversé les tuyaux qui garnissent
la chaudière, reviennent par une deuxième série de
tubes ou par-derrière la calotte de celle-ci, en abandon-
nant toute leur chaleur avant de s'échapper par la che-

minée. Dans ce système la chaudière est amovible, et elle peut être retirée de la machine pour être nettoyée.

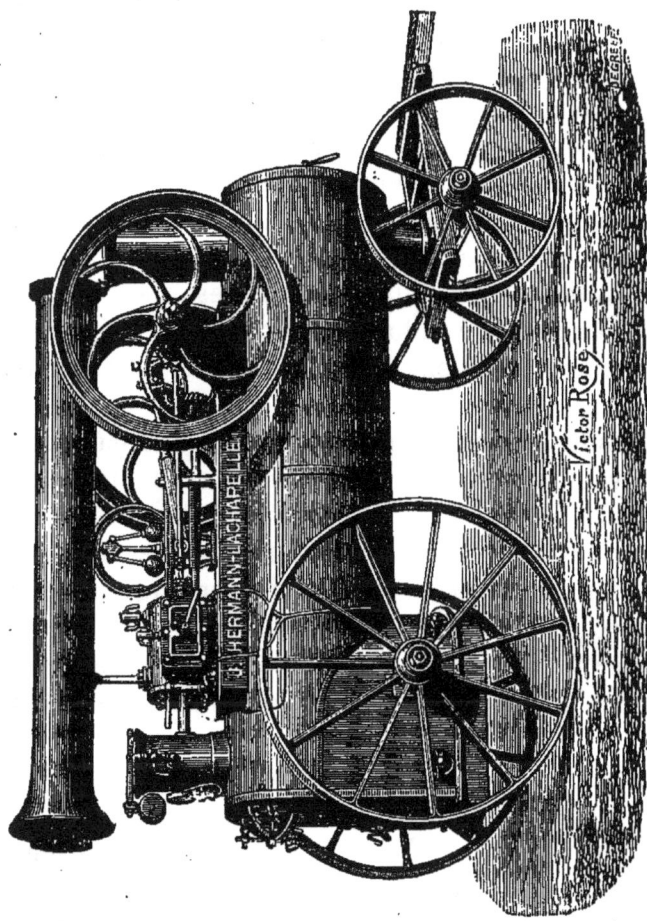

Fig. 10. — Machine à vapeur locomobile.

Si les machines à vapeur agricoles ne peuvent pas

rivaliser contre les grandes machines employées dans l'industrie, au point de vue de la puissance et des dimensions, il n'en est pas moins certain qu'elles constituent aujourd'hui d'excellents engins qui donnent pleine satisfaction aux besoins de la ferme, et qui se font surtout remarquer par leur solidité et leur simplicité. Un ouvrier intelligent parvient, en peu de temps, à s'initier à la conduite de la machine à vapeur. Comme pour beaucoup d'autres instruments agricoles, la France a été longtemps, pour la construction de ces machines, tributaire de l'Angleterre ; aujourd'hui les neuf dixièmes des machines, vendues par plusieurs milliers annuellement, sortent des ateliers de constructeurs français.

L'engin principal que la machine à vapeur met en mouvement, dans la ferme, est la machine à battre. Jadis le battage des céréales, c'est-à-dire la séparation du grain et de la paille, se faisait par les moyens les plus primitifs. Les épis rangés sur une aire étaient triturés par les pieds des chevaux, ou bien on faisait passer par dessus un gros rouleau de pierre. Le fléau articulé a succédé dans les régions du nord et du centre à ce premier système ; il règne encore en maître dans beaucoup de petites exploitations. Les premières tentatives pour remplacer le fléau consistèrent à en réunir plusieurs ensemble et à les mettre en mouvement, soit par un cylindre à cames, soit par une autre méthode ; les épis étaient successivement passés sous les organes batteurs. Ces essais ont été assez rapidement remplacés par des machines qui ont servi de modèles aux types actuellement usités.

Fig. 11. — Machine à battre, de force moyenne, de Brouhot et Cie.

On distingue deux catégories de machines à battre. La première comprend les machines dites batteuses en travers ; ce sont celles qui agissent à la fois sur

toute la longueur de la paille. La seconde comprend
les batteuses en bout, qui soumettent successivement
la paille présentée par l'une de ses extrémités, à l'organe batteur. Dans chacune de çes deux catégories,
on distingue plusieurs classes, d'après l'état du grain
au moment où il sort de la machine. Tantôt il est
rejeté de la machine pêle-mêle avec la paille, tantôt il
en est séparé, mais sans être dégagé des balles et menues pailles, tantôt enfin il est plus ou moins nettoyé
et divisé en catégories de grosseur.différente. Ces diverses opérations exigent donc un mécanisme plus ou
moins compliqué, des organes plus ou moins nombreux.

La première opération.consiste à faire arriver les
gerbes déliées sous l'appareil batteur. Dans la plupart
des machines, les pailles sont posées sur un tablier
et poussées par la main de l'ouvrier ; parfois ce
tablier est formé d'une toile ou d'une série de lattes
mobiles, qui entraînent les pailles. Dans la pensée
d'obvier au danger que présente pour les ouvriers ce
mode d'alimentation des machines à battre, plusieurs
constructeurs ont eu la pensée d'alimenter leurs
machines par des engreneurs automatiques, con-
sistant généralement en un arbre armé de dents
concaves qui saisissent les pailles et les poussent au
batteur. Lorsque le tablier placé sous cet axe est à
bascule, si un objet un peu lourd, un homme par
exemple, vient à peser dessus, il agit sur la poulie de
commande, et l'alimentation de la machine s'arrête.
Une loi récemment votée par le Parlement anglais

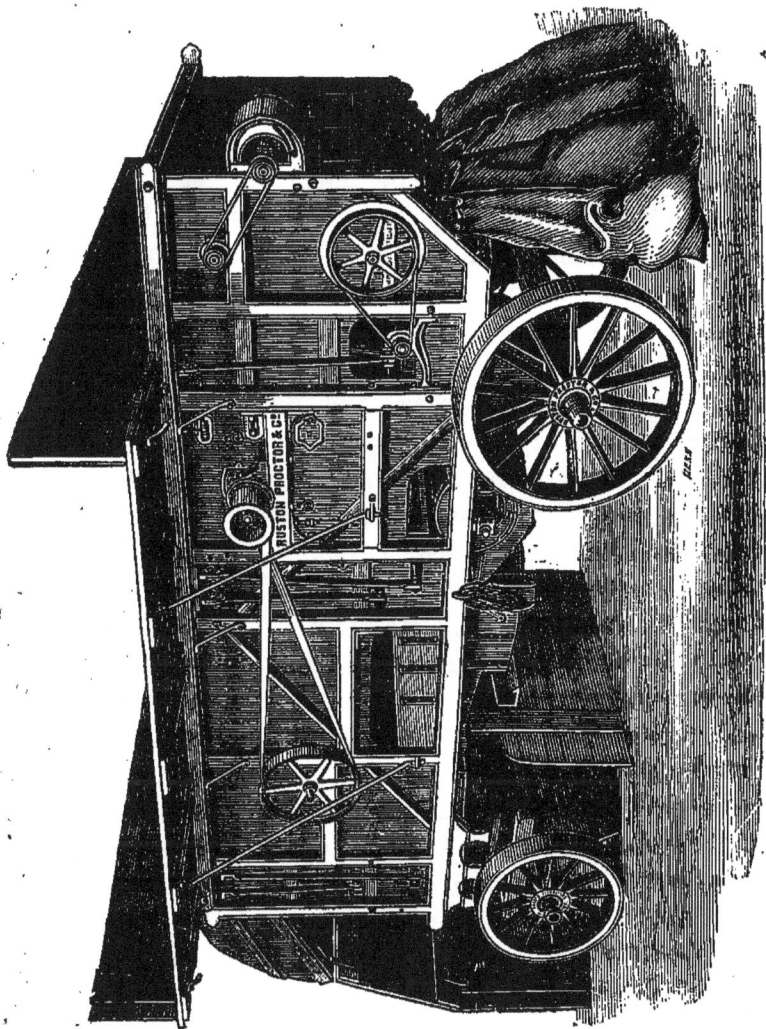

Fig. 12. — Grande machine à battre anglaise.

rend obligatoire, dans toutes les fermes, l'usage des
engreneurs automatiques.

. L'organe principal de la machine à battre est le
batteur. Celui-ci consiste . le plus souvent en une
sorte de tambour ou cylindre porté sur un axe horizontal, tournant très rapidement sur cet axe et
dont la surface enveloppante est armée de barres
espacées parallèlement, destinées à frapper la paille
et à séparer le grain. Le batteur est généralement en
fonte, et les lames ou battes de sa circonférence sont
en fer ou en acier. Les efforts des mécaniciens ont eu
pour but de donner à toutes les parties du batteur un
équilibre parfait, tout en évitant les frottements considérables qui tendent à se produire sur son axe.
est arrivé, par l'adoption de larges coussinets et par
des dispositions qui assurent la facilité du graissage, à
résoudre ces difficultés.

Le contre-batteur consiste en une sorte de caisse
curviligne parallèle à la surface du batteur, munie
également de battes, ou cannelée à sa face intérieure.
La paille est froissée dans le passage entre le batteur et
le contre-batteur, et les grains que n'ont pas atteints
les battes du batteur sont ainsi séparés. La distance
qui sépare l'un et l'autre organe est variable; elle est
réglée suivant la grosseur de la paille et la nature du
grain à battre. En outre, dans les batteuses dites en
travers, le batteur et le contre-batteur ne sont pas
rigoureusement parallèles; leurs surfaces sont plus
rapprochées du côté des épis et elles le sont moins à
l'autre extrémité. Cette disposition a pour but d'em-

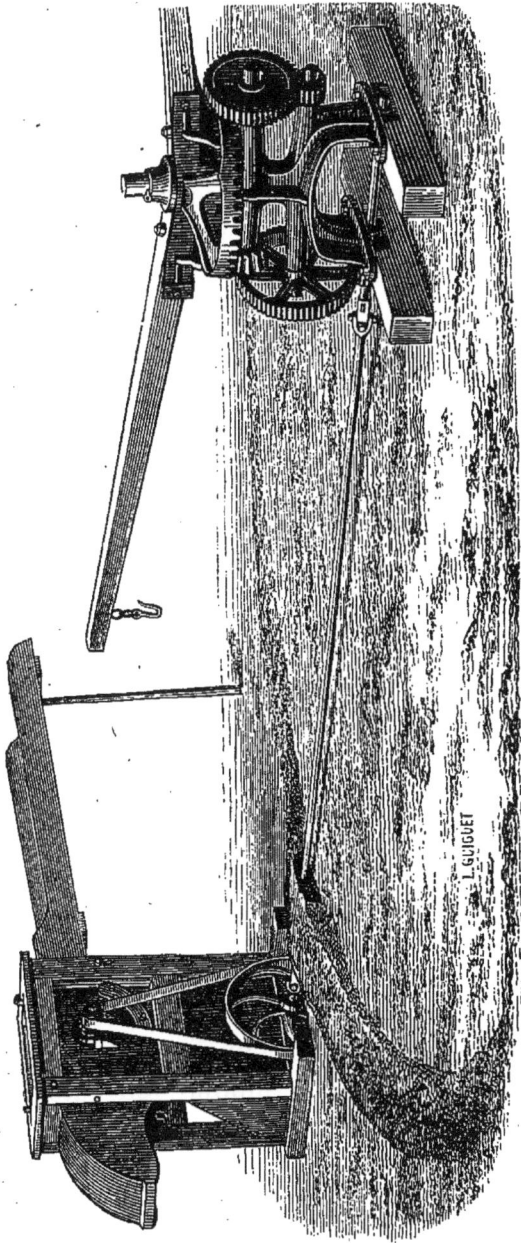

L.GUIGUET

Fig. 13. — Batteuse à manège, système Maréchaux.

pêcher le froissement de la paille et de lui conserver sa valeur; dans les machines en bout, au contraire, celle-ci est toujours brisée. En sortant du batteur, les grains sont chassés au dehors par un ventilateur, dans les machines les plus simples, et la paille est repoussée sur un plan incliné en dehors de la machine. Dans les batteuses plus complètes, la paille est poussée sur un organe secoueur formé de lattes parallèles, douées par un arbre coudé d'un mouvement de sassement, qui a pour but de la débarrasser de tous les grains qu'elle peut encore renfermer; elle est ainsi conduite à l'extrémité de la machine. Le grain passe dans un ventilateur qui chasse les menues pailles, les balles et les otons; il traverse ensuite un cribleur, qui en achève le nettoyage. Dans les machines les plus complètes, l'opération du criblage se répète par plusieurs nettoyeurs, de telle sorte que le blé est séparé en plusieurs qualités et qu'il est débarrassé de tous les grains accessoires qu'il renferme. Des grilles de différents numéros sont chargées du criblage; des chaînes à augets ou élévateurs manutentionnent le blé, de façon à placer chaque qualité dans un compartiment spécial, d'où une porte à coulisse lui permet de s'écouler dans des sacs. Des dispositions spéciales ont été adoptées par chaque constructeur pour assurer un nettoyage parfait, pour régler plus ou moins la ventilation, suivant le nombre de catégories de grains qu'il s'agit d'obtenir.

Ces combinaisons ingénieuses donnent presque partout les mêmes résultats. Les constructeurs français

Gérard, Cumming, Albaret, Gautreau, Brouhot, Pécard, Hidien, etc. ; les constructeurs anglais, Ransome, Marshall, Ruston Proctor, Clayton, ont des machines qui donnent un excellent travail pour un prix de revient à peu près équivalent. Pour les petites batteuses à manège, nos principaux constructeurs sont MM. Gautreau, Renou, Maréchaux, etc. Avec une batteuse à manège bien construite, mue par un cheval, on peut battre par heure 40 à 60 gerbes de 10 kilogrammes ; avec une machine mue par un manége à deux chevaux, 60 à 100 gerbes. Les batteuses à vapeur, pour la moyenne culture, peuvent battre, avec une locomobile de trois chevaux, 100 à 150 gerbes par heure ; avec une force de cinq chevaux, on peut battre 150 à 250 gerbes. Avec les batteuses plus fortes, on peut atteindre 300 gerbes.

Afin de faire profiter les cultivateurs des avantages offerts par ces grandes machines, il s'est formé dans beaucoup de départements des entreprises de battage à façon. L'entrepreneur promène la machine à vapeur et la batteuse de ferme en ferme, et bat la récolte de chacun pour un prix modéré qui est, en général, de 75 à 90 centimes par hectolitre de grain battu.

Aux grandes batteuses, on adjoint parfois un élévateur de paille. Cet appareil consiste en un plan incliné sur lequel se meut une toile sans fin munie de pointes. La paille sortant de la machine, tombe sur ce plan incliné, et elle est élevée par celui-ci pour former immédiatement une meule à proximité de la batteuse. On a aussi imaginé une machine lieuse qui reçoit

la paille au sortir de la batteuse et la rend en bottes
d'un poids déterminé.

Il ne faut parler que pour mémoire des petites machines à battre à bras. Ces batteuses ne donnent qu'un
travail imparfait, et elles sont très fatigantes pour
les ouvriers qui les mettent en mouvement. Elles
séduisent beaucoup de petits cultivateurs par leur bon
marché, mais elles sont bientôt remplacées par la batteuse à manège. Elles ne doivent donc être considé-
rées que comme la transition entre le fléau et la batteuse proprement dite.

En effet, le but principal des machines est de substituer le travail des animaux ou de la vapeur à celui
de l'homme, et d'obtenir ainsi une économie considérable de main-d'œuvre et une plus grande rapidité
dans l'exécution des opérations de la ferme. Les petites
batteuses ne permettent d'arriver ni à l'un ni à l'autre
de ces résultats; elles ne répondent donc pas aux besoins réels des cultivateurs. Ceux-ci obtiennent des
résultats plus avantageux, soit en ayant recours aux
entreprises de battage à façon dont il a été question
plus haut, soit en achetant des batteuses à manège
dont le prix n'est pas beaucoup plus élevé. D'une manière générale, il est bon de ne se décider pour un système qu'après l'avoir vu fonctionner et en avoir étudié
les diverses parties; à cet égard les concours donnent
aujourd'hui pleine satisfaction aux cultivateurs de
toutes les parties de la France.

3° *Petits instruments d'intérieur.*

Les instruments pour le nettoyage des grains sont

Fig. 14. — Tarare, système Bodin.

aujourd'hui nombreux. Les uns servent simplement

à nettoyer le grain : ce sont les tarares (fig. 14).
Les autres, nommés trieurs (fig. 15), séparent le grain
en qualités différentes, et le purgent de toutes les im-
puretés qu'il renferme.

Les tarares se composent généralement d'un volant
à ailettes, mû par une manivelle et surmonté par une
trémie. Le mouvement du volant produit une ventilation énergique qui chasse la poussière, les balles et
les corps légers. Les efforts des constructeurs, dans
ces dernières années, ont eu surtout pour but d'obtenir une ventilation énergique, sans dépenser une force
considérable.

Dans les cylindres ou cribles trieurs, le grain passe
sur des toiles métalliques portant des trous de différentes grandeurs, et disposées de manière à faire
tomber le grain dans des caisses spéciales pour les diverses grosseurs. Le trieur Marot a servi depuis longtemps de modèle aux appareils de ce genre. Jusqu'ici
les trieurs séparaient parfaitement les graines rondes
des graines longues, les blés et les seigles des orges
et des avoines, mais ils étaient impuissants à séparer
les orges des avoines qui y étaient jointes, ou les blés
des seigles qui y étaient mélangés. Grâce à l'adjonction d'une toile métallique percée d'alvéoles dont
l'embouchure a une surface trois à quatre fois supérieure à celle du trou de perforation, M. Marot
obtient ce dernier résultat d'une manière complète.
C'est le principal progrès à signaler dans ces instruments.

A côté des trieurs, il faut citer les moulins agricoles.

L.GUIGUET

Fig. 15. — Trieur de grains, système Marot.

destinés à transformer le grain en farine. Mais ces appareils sont peu répandus. Il n'y a qu'une exception
à faire pour les petits moulins à bras destinés à préparer la farine d'orge ou de maïs qui entre, dans de

Fig. 16. — Hache-paille.

larges proportions, dans la ration des animaux sou-
mis à l'engraissement.

Les instruments propres à préparer la nourriture
du bétail, sont aujourd'hui très nombreux : on peut
dire que l'agriculteur n'a que l'embarras du choix
parmi les concasseurs de grains, les aplatisseurs d'a-
voine, les coupe-racines (fig. 17), les hache-paille

(fig. 16), les laveurs de racines, les appareils pour leur cuisson. En effet, le plus grand nombre des constructeurs sont arrivés à résoudre le problème d'ob-

Fig. 17. — Coupe-racines, système Albaret.

tenir avec ces instruments un rendement élevé en dépensant une force peu considérable. Il y en a, pour la petite culture, de faibles dimensions qui peuvent être mus à bras; de plus puissants exigent l'em-

ploi d'un manège ou d'une machine à vapeur. Toutefois, il faut signaler dans la construction des hache-
paille un perfectionnement notable obtenu par M. Albaret, par l'emploi d'un nouveau système d'engrenage
qu'il a inventé. L'organe élémentaire est une roue
dentée accolée à un pignon de même denture. Si l'on
place sur deux arbres parallèles, deux séries d'engrenages de ce genre tournant librement sur ces arbres
et si l'on cale le premier engrenage du premier arbre,
et le dernier du second, on obtient une multiplication
de vitesse dépendant du nombre d'organes élémen-
taires placés sur chacun des arbres. On peut donc,
sous un très petit volume, avec un appareil toujours
le même, transformer un mouvement de rotation lent
en un mouvement très rapide. C'est par l'application
de ce système que M. Albaret obtient dans son hache-
paille un embrayage beaucoup plus simple que les dispositions mécaniques employées dans la plupart des
appareils de ce genre, et qu'il peut changer, sans aucune
difficulté, la largeur de coupe de la paille. Cette largeur doit varier, en effet, suivant la nature de la paille,
et suivant les animaux auxquels on la destine. Elle doit
être plus grande encore, quand la paille hachée doit
servir de litière, suivant la pratique de quelques habiles agriculteurs.

Il y a longtemps que l'on a essayé de construire des
chemins de fer destinés à relier ensemble les diverses
parties des bâtiments d'une exploitation, à transporter
les fumiers, les engrais, les récoltes encombrantes,
etc. La véritable solution du problème date seule-

ment de quelques années. Deux constructeurs, M. Paupier, d'une part, M. Decauville, de l'autre, ont réussi
dans cette application. Les chemins de fer portatifs
qu'ils fabriquent ont eu le plus grand succès auprès
des agriculteurs en France et à l'étranger, aussi bien
qu'auprès de plusieurs autres industries, exploitations
de carrières, de tourbières, etc. La voie est tout en
fer ; elle se compose de pièces mobiles d'une longueur
d'une dizaine de mètres, s'ajoutant les unes aux autres sans effort, se déplaçant presque instantanément.
Ces petits chemins de fer ont leurs aiguilles pour chan-
gement de voie, leurs plaques tournantes, comme les
grandes voies ferrées.

Quand on entre dans une ferme, on peut tout d'a-
bord porter un premier jugement sur celui qui la
dirige, par la présence ou l'absence d'une bascule.
C'est l'appareil indispensable pour peser les voitures
qui entrent et qui sortent, pour juger du poids des
animaux domestiques, etc. Sans bascule pas de comptabilité exacte, par conséquent manque de contrôle
sérieux. Aussi depuis que les habitudes de réflexion et
d'examen sont devenues plus générales chez les agriculteurs, on a vu se multiplier le nombre de ces engins.
L'esprit des inventeurs a été également poussé dans
cette voie, et les modèles sortis de leurs ateliers sont
devenus presque chaque année plus nombreux. Les
ponts à bascule, les bascules spécialement destinées
au pesage des animaux (fig. 18), sont en grand nombre. Il faut citer ceux de M. Suc et de M. Paupier ; ils
se font remarquer par la simplicité et par la solidité

de leur construction ; ce sont des qualités indispensables à ce genre d'appareils.

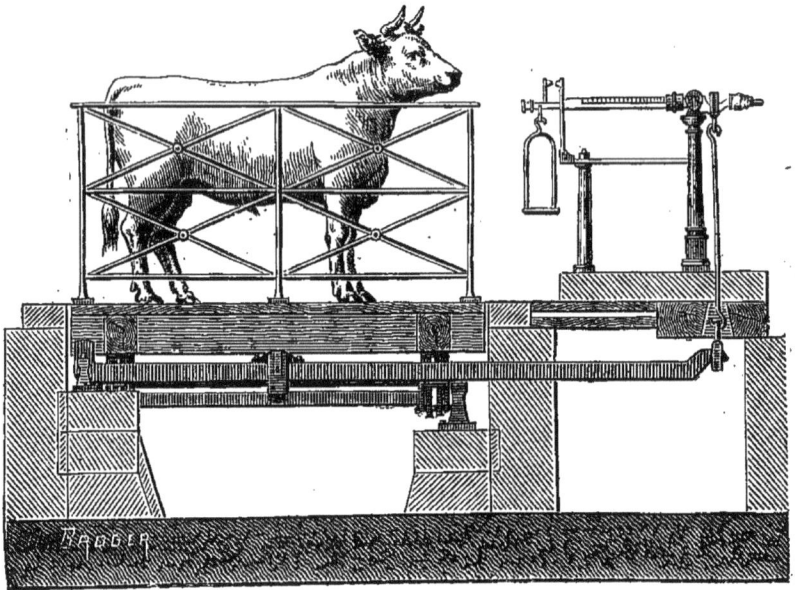

Fig. 18. — Bascule Paupier pour le bétail.

Les pressoirs sont aussi nombreux. La faveur avec
laquelle les viticulteurs ont adopté le pressoir dit
universel de M. Mabille, d'Amboise, est un sûr garant
de sa valeur. Dans ce pressoir qui peut aussi bien
servir à la fabrication du cidre qu'à celle du vin, les
nombreux engrenages des anciens pressoirs ont été
supprimés et ils ont été remplacés par l'action d'un
levier sur une couronne dentée formant écrou dans la
vis centrale de l'appareil. Le débrayage peut se faire

presque instantanément. Quant à la puissance, elle est
très considérable. La vitesse d'action, réclamée par
les besoins de l'opération, est d'ailleurs complète. Ce
système a été imité, avec quelques modifications, par
un grand nombre de constructeurs. Les pressoirs à
genoux ou leviers articulés, notamment ceux qui sortent des ateliers de M. Samain, jouissent aussi d'une
légitime réputation auprès des viticulteurs.

4° *Les moissonneuses.*

Les savants qui ont étudié les débris des temps préhistoriques épars à la surface du globe ont retrouvé
d'anciens instruments à main dont la découverte, jointe
à celle de véritables greniers d'épis ou de grains battus
de blé et d'orge, démontre que la culture des céréales
remonte au moins à l'époque désignée sous le nom
d'âge du bronze. C'est ainsi que dans plusieurs stations
lacustres du lac de Neuchâtel, M. Desor a retrouvé des
faucilles de bronze, s'adaptant dans un manche de bois ;
leurs dimensions n'excédaient pas 15 centimètres.
Dans les stations de l'âge du fer, on a découvert des
faucilles plus grandes, dont la lame recourbée atteignait 35 centimètres ; elles paraissaient d'ailleurs avoir
été munies de dents. A côté, on a retrouvé de véritables faux, munies de viroles pour le manche. Ces découvertes ont encore été peu nombreuses ; mais il s'en
fera probablement de nouvelles qui jetteront plus de
jour sur les travaux agricoles de ces âges éloignés.

Quoi qu'il en soit de ces recherches, la faucille
paraît avoir été dans les temps plus rapprochés, en

Égypte notamment, l'instrument généralement adopté pour couper les céréales. D'abord on n'enlevait que les épis en laissant les tiges sur le sol; plus tard on coupa plus bas, afin d'utiliser une partie au moins de la paille. C'est aussi la faucille qui, depuis les temps les plus reculés, sert aux Chinois pour la récolte du riz. Les Grecs et les Romains ne paraissent pas avoir eu d'autre instrument; ils l'ont transmis aux siècles suivants.

Il faut toutefois faire une exception pour les Gaules. Nos ancêtres, d'après Palladius et Pline, avaient inventé une véritable machine à moissonner. « On fait usage dans les plaines de la Gaule, dit Pline, d'un appareil au moyen duquel un seul bœuf peut terminer une récolte entière. C'est un chariot porté sur deux petites roues. Ses quatre côtés sont fermés par des planches dont l'inclinaison présente une plus grande capacité à la partie supérieure. Le côte antérieur, moins élevé que les autres, est armé de dents relevées par en haut, et assez rapprochées pour arrêter les épis. On ajuste sur le derrière deux courts brancards pareils à ceux d'une litière. C'est à ces brancards qu'on attache le joug ou collier du bœuf. Cet animal, qui doit être doux et obéissant à la voix de son conducteur, a la tête tournée contre le char. Lorsqu'il pousse celui-ci, la paille s'engage entre les dents, se rompt et abandonne les épis. Le bouvier, qui dirige l'opération, élève ou abaisse les dents selon qu'il est nécessaire, et, en parcourant ainsi successivement la superficie du champ, il en récolte tout le grain dans l'espace de quelques heures. Cette méthode est utile dans les plaines et dans les lieux où l'on n'a pas besoin de conserver la paille. » Cette machine disparut devant l'occupation romaine. Au commencement du XIXᵉ siècle, un auteur bien connu, le comte de Lasteyrie, demandait que l'on en fît de nouveaux essais. « Il serait utile, dit-il, de faire l'essai de cette manière de récolter le blé ; elle apporterait de l'économie dans la moisson ; elle permettrait de cueillir dans un très court espace de temps les grains d'une vaste culture, et empêcherait que l'humidité des années pluvieuses ne les pourrisse. Les pailles pourraient se faucher et s'enlever à loisir. » Lasteyrie ne prévoyait pas que le problème de la moisson mécanique des céréales allait enfin trouver une solution.

En 1780, la Société des arts de Londres établissait un concours et promettait une médaille d'or pour la construction d'une machine à faucher ou à moissonner le blé, le seigle, l'orge, l'avoine ou les fèves, avec plus de rapidité et plus de facilité que par les anciennes méthodes. C'était ouvrir la voie au génie des inventeurs. De nombreux essais furent bientôt tentés. Les machines de Boyce, de Pluckner, de Gladstone, de Scote, de Smith, de Baily, de Ogles, furent successivement présentées au public agricole. C'est un Écossais, Patrick Bell, qui, en 1828, construisit la première machine qui ait fonctionné d'une manière à peu près efficace. Le mode de propulsion de la moissonneuse Bell était analogue à celui de l'ancienne moissonneuse gauloise. L'attelage poussait la machine devant lui. Des engrenages disposés sur l'essieu des roues donnaient à une

série de lames placées en avant un mouvement oscil-
latoire rapide. Cette machine a fonctionné pendant
près de vingt ans sur plusieurs fermes d'Écosse et
d'Angleterre.

Les premières moissonneuses construites en Angleterre avaient, malgré leurs grandes imperfections,
trouvé un accueil favorable aux États-Unis d'Amérique,
où, plus que partout ailleurs, il a fallu avoir recours
aux machines pour cultiver d'immenses plaines presque désertes. Un Américain, Mac-Cormick, a eu l'honneur d'imaginer, en 1831, le remplacement des cou-
teaux par une scie placée latéralement aux roues et
douée d'un mouvement rapide de va-et-vient ; cette
scie était portée sur une barre garnie de dents, entre
lesquelles entraient les épis pour être coupés. L'attelage, au lieu de pousser l'appareil, le tirait, et un ouvrier rejetait sur le côté, avec un rateau, les épis
sciés. Le principe des moissonneuses modernes était
trouvé. De nombreux perfectionnements ont été apportés à la machine de 1831, mais toutes les moissonneuses qui sont entrées aujourd'hui dans la pratique
de toutes les parties du monde sont construites d'après
ce principe.

C'est de l'année 1855 environ que date, en France,
l'introduction, sur une échelle assez développée, des
machines à moissonner. Aux essais faits à Trappes, pendant l'Exposition universelle de 1855, sous la direction
de M. Barral, quelques machines seulement fonction-
nèrent. Mais au concours universel agricole de 1860,
les constructeurs français qui avaient adopté les sys-

tèmes étrangers rivalisèrent avec les anglais et les américains ; on y comptait 43 moissonneuses, dont 24 françaises et 19 étrangères. La plupart des machines ne faisaient que l'andain ; dans quelques-unes, à l'aide de combinaisons de bras articulés, on essayait de faire la javelle.

A partir de ce moment, des progrès considérables ont été réalisés presque chaque année dans la construction des moissonneuses. A l'Exposition universelle de 1867, on remarquait un grand nombre de types, dans lesquels le fer et la fonte avaient remplacé le bois jadis presque exclusivement employé dans le bâti. Les ouvriers auxiliaires chargés du javelage avaient disparu ; cette opération devenait à son tour automatique. C'est ainsi que dans la moissonneuse Mac-Cormick qui remportait le grand prix, une chaîne de Gall servait à transmettre le mouvement de la force motrice à un arbre portant trois bras rabatteurs et un râteau destiné à enlever les épis coupés sur le tablier placé derrière la scie et à les coucher en javelles derrière la machine. Dans les machines anglaises de Samuelson, de Howard, de Hornsby, des perfectionnements analogues se retrouvaient. C'était la grande nouveauté dans la construction des moissonneuses.

Depuis lors, les efforts des ingénieurs ont principalement porté sur le perfectionnement du javelage. Ces efforts ont été couronnés de succès. En 1873, au concours international de Grignon, on pouvait constater les résultats acquis, et les hommes les plus compétents considéraient le problème du moissonnage mé-

canique comme définitivement résolu. Aussi depuis
cette date, l'emploi des moissonneuses a-t-il pris une
extension presque incroyable ; c'est par milliers que
chaque année il en est vendu en France, aussi bien
que dans les autres parties de l'Europe et du monde

Fig. 19. — Moissonneuse Samuelson.

civilisé. Les constructeurs français, après avoir longtemps essayé, sans grand succès il faut le dire, à créer
des machines nouvelles, se sont décidés à adopter
quelques-uns des types étrangers, et ils rivalisent avec
leurs concurrents aussi bien au point de vue de la solidité qu'à celui de la bonne fabrication.

Que demande-t-on aujourd'hui à une moissonneuse ?
D'abord d'avoir une coupe régulière, c'est-à-dire telle
que la scie soit toujours à la même distance du sol ; de
marcher d'un mouvement uniforme et sans secousses,
de manière à ne pas égrener les épis en les renversant
sur le tablier ; enfin de faire des javelles régulières. Ce
dernier point est important, car il est nécessaire, pour
ne pas perdre de temps au liage des gerbes, que l'ouvrier trouve les tiges symétriquement disposées et proprement alignées ; nous avons vu que ce progrès est le
dernier qui ait été réalisé. A part quelques dispositions
de détail spéciales à chaque type, les principaux organes
des moissonneuses sont les mêmes partout. La moissonneuse repose sur une seule roue motrice munie intérieurement d'une couronne dentée. Sur cette couronne engrène un pignon dont l'axe porte une roue
d'angle transmettant le mouvement de la roue à une
tige qui actionne un plateau-manivelle servant à donner à la scie placée latéralement un mouvement recti-
ligne alternatif. Sur l'axe de la roue motrice, un
deuxième pignon transmet le mouvement à une roue
à cames qui agit sur l'appareil javeleur. Celui-ci se
compose de deux râteaux et de deux rabatteurs, passant
alternativement sur le tablier que porte la machine en
arrière de la scie. La vitesse de celle-ci est de $1^m,10$
à $1^m,20$ par seconde. Quant à l'appareil javeleur, il
exécute un tour entier pendant que la machine par-
court 6 à 7 mètres. Un seul homme conduit l'atte-
age. Grâce à des leviers placés sous sa main, il peut
embrayer ou arrêter la machine, régler la hauteur de

la coupe, varier le javelage, de manière à faire une à quatre javelles sur une longueur déterminée, suivant l'état de la récolte. Ajoutons que le renouvellement des pièces brisées ou usées peut se faire facilement, chacune portant un numéro spécial, et les modèles étant tous établis, pour une machine déterminée, d'après le même calibre.

Dans l'état actuel des choses, on peut dire que le plus grand nombre des moissonneuses fonctionnent très bien. Il arrive même ce fait que quatre agriculteurs, par exemple, ayant acheté quatre types différents, ne peuvent pas se mettre d'accord sur leur valeur respective, chacun préférant celle qu'il a, parce qu'il la connaît, parce qu'il sait la faire fonctionner. Dans les nombreux concours qui ont eu lieu depuis cinq ans, toutes les machines ont été placées alternativement au premier rang ; c'était une question d'attelages et de conducteurs. Toutefois, on peut dire que les trois types les plus justement estimés sont la moissonneuse anglaise de Samuelson et les moissonneuses américaines de Johnston et de Wood. Les constructeurs français qui les ont adoptés ont d'ailleurs à peu près aussi bien réussi que les étrangers.

Mais il ne suffit pas, pour un agriculteur, de savoir que les moissonneuses mécaniques font un excellent travail, il lui faut étudier de près les conditions économiques de ce travail. Il n'est pas difficile de prouver que les résultats en sont des plus satisfaisants. Supposons une exploitation rurale qui ait 50 hectares de céréales à couper. La moisson d'un hectare revient, dans les conditions les plus modérées, lorsque le travail est fait à la faux, de 30 à 35 francs par hectare ; on voit parfois des ouvriers exiger le double. La dépense du travail sera donc de 1500 francs au moins. Avec une machine coupant en moyenne 4 hectares par jour, si l'on compte le prix de la journée des quatre chevaux qu'elle demande et de leurs conducteurs, l'intérêt et l'amortissement du prix d'achat, aussi bien que les frais d'entretien, on n'arrive pas à plus de 500 francs pour la moisson des 50 hectares. L'économie dépasse donc 50 pour 100. Pour une surface plus grande, elle serait encore plus considérable.

Il est vrai que, pour de petites surfaces, le résultat ne serait plus le même ; mais, dans un grand nombre de départements français, il s'est déjà formé ce qu'on appelle des entreprises de moissonnage à façon. Un homme achète une ou plusieurs machines et va successivement faire la moisson chez les petits cultivateurs. Ceux-ci ont tous les avantages du travail mécanique sans être obligés de faire des dépenses d'achat qui, pour eux, seraient trop lourdes.

Les résultats de l'introduction des machines à moissonner sont donc très considérables. Elles donnent la faculté de mettre rapidement les moissons à l'abri des intempéries ; elles affranchissent le cultivateur des exigences des faucheurs et elles laissent tous les bras disponibles pour le liage et le transport des gerbes. Mais, pour tirer un bon parti de ces machines, il faut adopter la culture en planches, il faut que les champs soient épierrés et que les chemins d'exploi-

tation soient bien entretenus. Ce sont des conséquences dont il ne faut pas se plaindre ; car quand
chaque partie des travaux des champs est faite avec
plus de soin, le résultat immédiat est un bénéfice pour
le cultivateur.

En résumé, le problème de l'application des machines
à la moisson des céréales est aujourd'hui résolu par des
appareils solides et bien construits. Plusieurs machines
ont une valeur parfaite. Jamais, comme on l'a dit avec
raison, l'application de la mécanique à l'agriculture
n'a triomphé d'autant de difficultés que dans les perfectionnements successifs apportés aux moissonneuses.

5° *Faucheuses.*

Lorsque les premières moissonneuses mécaniques
commencèrent à fonctionner, il vint naturellement à
la pensée des constructeurs, aussi bien que des agriculteurs, de les appliquer à la récolte des fourrages.
Mais on reconnut bientôt que les conditions du problème n'étaient pas les mêmes. Au lieu d'avoir affaire,
comme dans la moisson des céréales, à des tiges
rigides et sèches résistant facilement à la scie et lui
donnant, par conséquent, un utile point d'appui,
on se trouvait en face d'herbes fraîches, souvent
mouillées, flexibles et ondulant devant la scie. Les scies
des moissonneuses ne faisaient donc dans les prairies
qu'un mauvais travail ; elles s'engorgeaient, *bourraient*,
suivant le terme vulgaire, et, au bout de quelques mètres, les chevaux impuissants se refusaient à les traîner

plus loin. Il fallut donc avoir recours à des machines
spéciales. C'est de l'Amérique que partit le mouvement. Wood, l'habile constructeur de moissonneuses,
fut le premier qui fabriqua une machine spéciale pour
la fauchaison ; Allen, autre constructeur américain,
marcha bientôt dans la même voie.

L'idéal d'une machine à faucher est de tondre très
près de terre, sans s'engorger et sans que les dents
pénètrent dans le sol. Ces conditions, qui paraissent
faciles à remplir, demandent de grandes précautions
dans la construction. Il faut d'abord que la scie soit
douée d'un mouvement très rapide et que les organes
de la mise en mouvement présentent, malgré leur
délicatesse, une grande solidité, car ils sont mis à
une rude épreuve par la marche de la faucheuse.
Il y a bien trente ans que les principes de la construction des faucheuses ont été appliqués pour la première fois avec un certain succès, mais il n'y a pas
plus d'une dizaine d'années que la construction est
arrivée à une véritable perfection.

La faucheuse Wood (fig. 20) tient toujours la tête ; elle
a été imitée par le plus grand nombre des constructeurs
américains, anglais, français, etc., qui ont voulu faire
des faucheuses. Voici les principes de sa construction :
Elle est montée sur deux roues motrices présentant
extérieurement des cannelures pour mieux mordre le
sol. Intérieurement, ces deux roues sont garnies d'une
couronne dentée ; dans chaque couronne s'engrène un
pignon. Les deux pignons sont portés par un axe
commun, au milieu duquel est un engrenage d'angle

qui multiplie la vitesse et la transmet à un plateau-
manivelle, auquel est fixée la bielle chargée de donner
à la scie son mouvement de va-et-vient. La scie est

Fig. 20. — Faucheuse Wood.

formée par de larges dents et elle est portée, latéralement au bâti de la faucheuse, par une barre rigide
munie de pointes qui pénètrent dans la récolte à
couper. Le conducteur placé sur un siège entre les
deux roues motrices, tient d'une main les guides de
l'attelage et peut, de l'autre main, faire manœuvrer
un levier avec lequel il relève ou abaisse plus ou moins
la scie, pour qu'elle coupe à différentes hauteurs,

ou qu'elle passe au-dessus des pierres ou des obstacles présentés par le terrain. La machine est assez petite : elle coupe sur une largeur de 1^m,30 environ. La vitesse de la scie est de 1^m,85 par seconde, à l'allure normale des chevaux.

Les faucheuses se sont plus facilement introduites dans la culture que les moissonneuses. C'est que la coupe des prairies est souvent contrariée par le mauvais temps qui empêche que les fourrages puissent être rentrés dans les greniers ou mis en meules, soit complètement, soit même partiellement. Il est donc presque partout important de faire rapidement la fauchaison ; mais les bras ne sont pas assez nombreux. De là la faveur qui a accueilli ces machines.

Cette faveur est d'ailleurs justifiée, non seulement par les avantages d'une coupe régulière et rapide, faite au moment voulu, mais encore par une grande économie dans le prix de revient du travail. En effet, une faucheuse peut couper, en moyenne, une étendue de 3 hectares par jour, en travaillant pendant dix heures avec un attelage de deux chevaux. Pour exécuter le même travail à la main, dans les conditions moyennes de rendement des fourrages, il faudrait huit journées de faucheurs. En comptant la journée du faucheur à 3 francs seulement, le total est de 24 francs. Avec la faucheuse mécanique, le travail ne coûtera pas plus de 14 à 15 francs. Il y a donc une grande économie d'argent, sans compter que l'on n'est pas à la merci des ouvriers. La différence devient encore plus considérable quand il s'agit de récoltes très fournies et de

SAGNIER. 7

grandes surfaces. Il n'est donc pas étonnant que les
avantages du fauchage mécanique soient de plus en
plus compris par les agriculteurs, et que, chaque
année, le nombre des machines employées par eux
devienne de plus en plus considérable. Les Associations agricoles ont fait partout de grands efforts pour
apprendre à connaître les bonnes machines ; ce n'est
pas un des moindres services qu'elles aient rendus.

6° *Faucheuses-moissonneuses.*

En Europe, à raison des circonstances qui ont été
indiquées plus haut, les agriculteurs recherchent surtout les machines à une seule fin, c'est-à-dire les
moissonneuses, d'une part, les faucheuses, d'autre
part. Aux États-Unis d'Amérique, au contraire, la
tendance a été, dans ces dernières années, de créer
surtout des machines à deux fins, dites combinées,
c'est-à-dire à la fois faucheuses et moissonneuses.
La raison en est que les agriculteurs américains recherchent moins la perfection du travail, et que d'ailleurs ils ont des récoltes plus faciles à travailler. Un certain nombre de modèles de faucheuses-moissonneuses
ont été introduits en France ; ils n'ont eu jusqu'ici
qu'un succès restreint. La différence de prix entre
les deux machines, d'une part, et la machine com-
binée, d'autre part, n'est d'ailleurs pas si grande que
ce soit un encouragement puissant pour l'adoption de
cette dernière.

Dans la plupart des modèles américains de faucheuses-moissonneuses, pour transformer la fau-

cheuse en moissonneuse, on change la scie et quelques pignons afin de modifier la vitesse du mouvement, et on adapte un appareil javeleur sur le côté de la machine. Parmi les bons modèles de ce genre, il faut citer les faucheuses-moissonneuses Johnston, Wheeler, Champion, etc.

Il reste enfin un dernier perfectionnement à citer, c'est la construction des faucheuses et des moissonneuses à un cheval, destinées à la petite culture. Ces machines sont construites exactement d'après les mêmes principes que celles à deux chevaux, mais avec plus de légèreté et une moindre largeur de coupe. Elles peuvent rendre des services aux petits cultivateurs ; mais la différence de prix avec les autres n'est pas encore assez grande. Il vaut mieux, quand on le peut, avoir recours aux entrepreneurs de fauchage et de moissonnage mécaniques.

7° *Faneuses et râteaux à cheval.*

Les fourrages coupés ne peuvent être mis immédiatement en meules : il leur faut subir une dessiccation préalable. Pour rendre cette dessiccation régulière, on procède au fanage. Jadis le fanage se faisait avec des fourches, à bras d'hommes et de femmes. L'adoption des faucheuses mécaniques a entraîné l'emploi de machines spéciales pour le fanage. Il faut même ajouter que ces machines étaient déjà bien connues avant l'adoption définitive des faucheuses ; leur invention remonte au premier quart de ce siècle.

Fig. 21. — La faneuse *La Taunton*, vendue en France, par M. Pécard.

Aujourd'hui la faneuse mécanique est indispensable quand on fauche à la machine.

Toutes les faneuses sont construites d'une manière analogue : sur l'essieu de deux roues motrices et concentrique à celui-ci, est disposé un tambour armé sur son pourtour de longues dents recourbées qui saisissent le foin coupé et le projettent en tous sens ; suivant que la faneuse prend le foin par le côté concave ou convexe de ses dents, cette projection se fait plus ou moins énergiquement. Un seul cheval suffit pour traîner l'instrument. Les meilleurs modèles de faneuses sont ceux de Nicholson, de Ransomes, etc., qui sont construits en France aussi bien qu'en Angleterre. La largeur sur laquelle l'instrument opère varie de 1^m,50 à 1^m,80.

Le foin, pour être bien préparé, a besoin de trois journées de chaleur, sous notre climat, et il doit être remué deux fois par jour. La faneuse mécanique fait ce travail beaucoup plus économiquement que les femmes qui y sont généralement employées. Une faneuse mécanique peut faner 4 hectares par jour, et sa journée coûtera environ 12 francs. Pour le même travail, il eût fallu employer au moins 12 femmes. A côté de l'économie, qui devient d'autant plus considérable qu'il s'agit de plus grandes surfaces, il faut faire entrer en ligne de compte l'indépendance du cultivateur vis-à-vis des exigences de la main-d'œuvre.

Les mêmes réflexions doivent être faites à l'occasion des râteaux à cheval. Leur emploi se borne au ratissage des prairies ; c'est un rôle plus modeste, mais qui

a sa grande utilité. Ils délivrent encore le cultivateur
du souci de se procurer des bras nombreux, en
même temps qu'ils font un travail rapide et excellent. Un râteau à cheval, d'une largeur de 2 mètres,
à dents indépendantes, traîné par un cheval, et

Fig 22. — Râteau à cheval de Howard.

mené par le conducteur, qui manœuvre en même
temps le râteau, peut facilement ratisser 2 hectares
en une heure de travail. C'est le travail que quatre per-
sonnes exercées peuvent faire en une journée. En huit
heures, le râteau aura donc accompli le travail de trente
ouvriers. A cet avantage il faut ajouter que le ratissage
mécanique est plus parfait, parce que les dents articu-
lées pénètrent dans toutes les irrégularités du sol et ne
laissent rien échapper de ce qui se trouve à sa surface.
La plupart des râteaux aujourd'hui vendus par

les constructeurs présentent les qualités de bonne
exécution que l'agriculteur peut souhaiter. Il faut
toutefois se garder de considérer comme une qualité
absolue l'excès de légèreté que quelques constructeurs américains tendent à donner à leurs instruments. Cette légèreté peut devenir un défaut sérieux
dans les fortes récoltes, beaucoup plus fréquentes
chez nous qu'en Amérique.

Les détails qui viennent d'être donnés suffisent pour
démontrer que l'agriculture possède aujourd'hui, pour
la moisson et la fauchaison, des machines d'une grande
utilité pratique, dont la valeur est de plus en plus appréciée. Il n'est donc pas étonnant que la diffusion de
ces machines se soit faite rapidement dans ces dernières années. A côté des maisons puissantes qui, en
Angleterre et surtout aux États-Unis, fabriquent les
faucheuses et les moissonneuses par milliers, il s'est
créé des ateliers de construction en France, en Allemagne, en Italie, et jusque dans les régions les plus
écartées de l'Europe, la Suède et la Russie. L'Exposition de 1878 a montré des moissonneuses russes et des
moissonneuses suédoises ; c'était pour la première fois
que le nord et l'orient de l'Europe envoyaient à un concours universel des machines de ce genre. Néanmoins
c'est toujours aux États-Unis que la demande est la
plus considérable de toutes les parties du monde. Ce
n'est plus par centaines de mille, mais par millions
qu'il faut compter les machines sorties des ateliers
du nouveau monde durant les vingt dernières années.
L'exportation des machines agricoles de l'Union dé-

passe actuellement 30,000,000 de francs, et elle est presque exclusivement composée de moissonneuses et de faucheuses. L'avenir est à ces machines, et leur emploi de plus en plus général assurera à l'agriculture de grands bénéfices, par la suppression de frais encore exorbitants. L'argent économisé est de l'argent gagné.

8° *Résumé*.

De grands progrès peuvent être constatés dans l'outillage des fermes depuis quinze ans. Aussi les agriculteurs, dont l'esprit défiant n'avait accueilli qu'avec réserve les premières tentatives de la mécanique agricole, ont-ils peu à peu abandonné les vieilles pratiques pour adopter les instruments et les machines perfectionnés. Tout le monde aujourd'hui, jusqu'au plus petit cultivateur, s'intéresse aux progrès de la mécanique, ainsi que le prouve l'affluence chaque année plus grande qui suit les concours ouverts sur tous les points du territoire par les associations agricoles. Une autre preuve de cette extension est dans la prospérité croissante des maisons de construction, qui deviennent de plus en plus nombreuses, sans se nuire réciproquement. Ce mouvement est encore très inégal : dans certains départements il est accéléré; ailleurs il est plus lent à se produire, mais nulle part il n'est en décroissance. Le cultivateur y gagne et l'ouvrier rural. Celui-ci n'est plus, comme jadis, presque l'équivalent d'une bête de somme : son intelligence se développe, parce qu'on lui demande un tra-

vail, sinon plus facile, au moins d'une nature plus
relevée. Le but de tous ces engins, si différents par
leurs formes et par leurs applications, est le même :
substituer au travail de l'homme celui des animaux
domestiques ou de la vapeur, affranchir l'homme des
champs des travaux les plus pénibles pour lui permettre d'appliquer plus librement son intelligence aux
opérations multiples de la direction d'une exploitation
rurale.

VII

La production du bétail.

La zootechnie ou science du bétail est une science
toute nouvelle ; c'est de la deuxième moitié du XIXᵉ siècle que date son développement. Le mot même de zootechnie est de formation récente : on le trouve pour la
première fois dans l'*Essai sur la philosophie des sciences*,
d'Ampère, publié en 1838. C'est sur l'avis de l'illustre
agronome, le comte de Gasparin, qu'Ampère sépara,
dans sa classification des sciences, l'étude des animaux domestiques de l'agriculture proprement dite
consacrée à l'étude des végétaux cultivés. « La zoologie et la phytologie, disait M. de Gasparin, font bien
partie du même groupe de sciences, mais elles forment
deux sciences distinctes, qui ont chacune leurs méthodes et leurs vérités à part ; et quant aux sciences

technologiques qui en dérivent, qui ne sent qu'il serait
impossible de fondre ensemble l'exposition des principes concernant la culture des plantes et des principes relatifs aux soins à donner aux animaux, de
manière à les faire découler les uns des autres? »
En effet, quoique, dans la pratique, il y ait le plus
souvent une association forcée entre la production
animale et la production végétale, ce ne peut pas être
un motif suffisant pour en réunir les théories en
une science unique.

C'est peut-être parce qu'autrefois cette distinction
n'a pas été sentie et que tous les agronomes s'obsti-
naient à ne faire qu'un seul faisceau d'applications de
sciences tout à fait diverses, que pendant si longtemps
la science de la production des animaux domestiques
n'a pu se dégager des voiles qui la cachaient à des
esprits prévenus.

Quand on étudie les agronomes du commencement
du siècle et les travaux de leurs élèves, on est frappé
de l'unanimité qui règne dans les opinions sur le rôle
du bétail. Celui-ci est considéré comme producteur de
force, ou de fumier; la comptabilité adoptée dans les
exploitations établit son compte en perte ; on cherche
les moyens de s'en passer, mais on ne les trouve pas,
et on arrive à cette conclusion qui est devenue célèbre
sous la formule brutale : « Le bétail est un mal nécessaire ». Les plus habiles, ou si l'on aime mieux, les plus
clairvoyants, faisaient seulement quelques timides ré-
serves, en admettant que la formule, vraie dans la gé-
néralité des cas, devait toutefois admettre quelques

exceptions, exceptions qui, d'ailleurs, en faisaient mieux ressortir la vérité. La pensée que les lois de la production animale devaient découler des principes de la zoologie était aussi loin de la théorie que de la pratique s'inspirant seulement de traditions plus ou moins bien assises, que l'expérience de chaque génération modifiait plus ou moins. C'est au comte de Gasparin que revient l'honneur d'avoir indiqué le premier que l'étude de la production des animaux domestiques devait être engagée dans une voie scientifique, comme lui-même et plusieurs autres savants l'avaient fait pour la production des végétaux agricoles.

Mais cette pensée paraissait une utopie; il semblait qu'il devait se passer un long temps avant qu'elle reçût une réalisation pratique. Il n'en fut heureusement pas ainsi. A la création de l'Institut agronomique de Versailles en 1849, une chaire de zootechnie fut fondée, et un jeune savant, Baudement, eut la gloire d'y enseigner une doctrine nouvelle, née, pour ainsi dire de toutes pièces, de ses observations et de ses études. Pour la première fois on entendit démontrer que les animaux domestiques forment un capital pour l'agriculteur, et qu'à ce titre ils doivent donner revenu et bénéfice : « Les animaux domestiques, disait Baudement, sont des machines, non pas dans l'acception figurée du mot, mais dans son acception la plus rigoureuse, telle que l'admettent la mécanique et l'industrie. Ce sont des machines donnant des services et des produits. L'activité de ces machines constitue leur

vie propre, que la physiologie résume en quatre
grandes fonctions : la nutrition, la reproduction, la
sensibilité et la locomotion. Ce fonctionnement qui
caractérise la vie, est aussi la condition de notre exploitation zootechnique, l'occasion de dépenses et de
rendements, que nous devons balancer de manière à
atténuer les prix de revient pour accroître les profits.
Mieux nous connaissons la construction de ces machines, les lois de leur fonctionnement, leurs exigences et leurs ressources, plus nous pouvons nous
engager avec sécurité et avantage dans leur exploitation. » La science de la production des animaux
domestiques était ainsi bien déterminée; sa place
était fixée parmi les applications de la physiologie
animale. Elle a désormais rapidement marché.

Claude Bernard disait de la zootechnie qu'elle est
de la zoologie expérimentale; d'autres savants l'ont
qualifiée de physiologie industrielle. Elle est telle, en
effet. Voici la définition qu'en donne M. Sanson : « La
doctrine zootechnique est une synthèse scientifique
de notions tirées de l'économie nationale, de l'économie rurale, de la zoologie générale et de la physiologie, en vue de l'exploitation industrielle des animaux. » En effet, les animaux domestiques sont entretenus dans les exploitations agricoles en vue de
leur utilité; ils donnent de la force motrice, du lait et
de la viande, des dépouilles diverses qui sont des matières premières pour les manufactures, et enfin des
matières fertilisantes pour entretenir la fécondité du
sol. Ces fonctions sont aussi vieilles que la civilisation;

elles se sont multipliées à mesure que celle-ci s'est développée. Leur valeur relative change suivant les circonstances de temps et de lieux, c'est-à-dire suivant les débouchés, et c'est ainsi que les conditions de la production du bétail sont intimement liées non seulement à l'état social des peuples, mais à l'activité de l'industrie et du commerce et aux autres circonstances qui caractérisent la vie des nations. Toutefois si les animaux sont des machines à production, ce sont des machines ayant des aptitudes naturelles bien déterminées, se développant d'après des lois que l'homme n'a pas faites, mais qu'il doit connaître aussi complètement que possible, de manière à diriger le fonctionnement des organes conformément à ces lois, mais de la manière la plus utile pour lui. C'est ainsi que se trouve justifiée la définition qu'on vient de lire.

Pour être un bon zootechniste, il faut donc connaître à fond la zoologie générale et les lois de la physiologie. Mais une part prépondérante doit être faite à la fonction digestive; son étude est, en effet, d'une importance capitale pour la zootechnie. Des recherches expérimentales très nombreuses ont été faites depuis vingt ans sur l'alimentation des animaux domestiques, et elles ont permis d'établir la théorie de la nutrition sur des bases très précieuses pour la pratique. En effet, le succès ou les mécomptes peuvent dépendre, dans une entreprise agricole, de l'habileté avec laquelle on sait distribuer aux animaux une nourriture appropriée et en quantité convenable. La pratique doit demander à la chimie la détermination des

principes immédiats des aliments, et à la physiologie
leurs propriétés nutritives dont l'analyse chimique
élémentaire ne peut donner aucune idée précise.

Or, l'observation a démontré que, pour qu'un aliment soit complet, il doit renfermer trois sortes d'éléments : principes immédiats azotés, principes immédiats non azotés et matières minérales. L'absence
d'un seul de ces éléments, suffisamment prolongée
dans l'alimentation, est incompatible avec la conservation de la vie. De nombreuses expériences, com-
mencées d'abord par M. Boussingault, continuées
ensuite principalement en Allemagne, ont fait ressortir
les proportions les plus convenables de ces éléments
qui doivent se trouver dans la nourriture de chacune
des espèces d'animaux domestiques ; elles ont, en
outre, déterminé d'une manière pratique la valeur
relative de chacun des produits qui forment le plus
souvent la nourriture des animaux domestiques.

Il ne suffit pas de connaître dans quelles proportions
les aliments divers dont l'agriculteur peut disposer
doivent être distribués pour produire leur plus grand
effet utile, il faut encore que ces aliments soient
donnés en quantités proportionnelles au but qu'on
cherche à atteindre. En effet, la réparation par la
nourriture doit être en rapport direct avec les pertes
que subit l'organisme.

Dans toute alimentation, il faut faire deux parts :
l'une ayant pour objet d'entretenir la vie même de
l'animal, l'autre de suffire aux exigences du service.
« La somme d'aliments, dit M. Sanson, qui suffirait

pour compenser les pertes causées par le jeu des organes fonctionnant seulement pour l'exercice de la vie, constitue ce qu'on appelle la ration d'entretien. C'est celle qui maintiendrait à un poids invariable l'animal adulte ne rendant aucun service. L'excédent de cette ration, quel qu'il puisse être, est la ration de production. Les deux notions ainsi exprimées dominent toutes les considérations relatives à la composition des rations. Une ration ne peut être véritablement complète et assurer le bon entretien de la machine animale qu'à la condition de contenir en proportion suffisante l'aliment naturel du sujet qu'elle a pour but de nourrir ; ainsi l'herbe ou le foin de pré pour les animaux que nous appelons des herbivores. Toute ration de cheval, de bœuf ou de mouton, doit donc avoir pour base un certain quantum de foin ou un certain temps de pâturage journalier, dont les qualités peuvent varier, selon les exigences physiologiques du genre des animaux. Il ne saurait suffire, en effet, que la ration soit composée conformément aux formules purement chimiques de la relation nutritive. Cela ne touche, en vérité, que la fonction économique de l'animal pour lequel les aliments ajoutés à sa ration d'entretien ne sont que des matières premières à transformer en produits utiles. Le fonctionnement normal de sa vie a besoin de ces éléments naturels, à l'égard desquels les autres, de quelque nature qu'ils soient, ne doivent jouer que le rôle d'un complément. Il y a donc, dans la composition d'une ration bien conçue, d'après les données de la science, un aliment essentiel d'entretien, toujours le même, celui que l'animal mangerait de préférence, s'il était abandonné à ses propres instincts, et des aliments complémentaires groupés autour du premier et choisis en ayant égard à leurs propriétés spéciales, ainsi qu'au but économique qu'ils doivent faire atteindre. » Ainsi se trouve définie la théorie de la nutrition, dégagée des exagérations de quelques esprits trop généralisateurs qui avaient posé comme un axiome le calcul des équivalents alimentaires, pouvant se substituer les uns aux autres sans inconvénient. La loi de la nature est respectée, en même temps que des bases scientifiques sont données à son application de chaque jour. L'un des principaux services rendus par les représentants de la zootechnie sera précisément d'avoir mis ces vérités en pleine lumière.

Le problème de la production animale doit être maintenant envisagé sous une autre face. Ce n'est pas assez pour l'agriculteur de connaître les lois générales du développement des animaux sur lesquels il doit agir ; il lui faut, de plus, apprendre les conditions dans lesquelles ce développement se fera pour lui d'une manière économique, dans le sens véritable du mot, c'est-à-dire avec le plus grand profit qu'on puisse atteindre. L'extension des races animales est régie par des lois naturelles qu'il n'est pas permis d'enfreindre ; elles ne peuvent se développer que là où elles rencontrent les conditions de climat en rapport avec leurs besoins naturels. Ces conditions présentent naturellement des extrêmes plus ou moins

rapprochés, mais cependant assez tranchés pour in-
fluer d'une manière différente sur les caractères secondaires des races. De là, par l'effet seul des lois
naturelles, la formation de variétés qui, sous l'action
de l'homme, peuvent devenir plus nombreuses ou
présenter un caractère général plus complet. La
connaissance des lois qui régissent la formation
ou la conservation des variétés, servira de base
pratique à l'agriculture pour l'adoption des méthodes
à suivre dans l'exploitation des animaux domestiques.

Au point de vue de la reproduction, la première
condition du succès est de mettre en application les
lois naturelles des fonctions physiologiques pour faire
fonctionner ces lois au profit de l'homme, en réalisant
dans les aptitudes ou fonctions des animaux des modifications déterminées. Cela paraît tout simple ; mais
il a fallu beaucoup de temps pour le faire comprendre
aux esprits préconçus, nourris avec d'anciennes idées
d'amélioration des races par des moyens artificiels et
surtout par le croisement, et qui n'avaient même pas,
dans leur bagage zootechnique, de définition des mots
dont ils se servaient.

Le problème étant ainsi posé, la théorie et la pratique de la sélection, du croisement, du métissage, sont
facilement établies par des lois claires, infaillibles, parce
qu'elles reposent sur la nature. Ce qui est vrai pour
la reproduction l'est aussi pour le développement ;
c'est ainsi qu'a été renversé complètement l'ancien
préjugé de l'attribution de la précocité comme un caractère spécial à certaines races et interdit à d'autres.

On sait que les animaux dits précoces sont ceux qui atteignent l'état adulte avant le temps ordinaire. Comme les entreprises de production animale ont pour but de créer la plus grande quantité de produits dans un minimum de temps, on comprend sans peine l'importance de ce caractère. M. Sanson a, le premier, établi les caractères scientifiques de la précocité qui reposent sur l'évolution du squelette et la dentition ; il a démontré, par des observations multiples, qu'elle est développée par une alimentation riche, et que c'est, dans cette alimentation, à l'acide phosphorique que revient le principal rôle. On peut donc, avec des animaux ayant une grande capacité digestive, former en un temps voulu des familles jouissant du caractère de précocité, et celui-ci n'est pas dévolu à certaines variétés au détriment des autres. En outre, contrairement à une opinion trop générale, la précocité se développe rapidement dans des familles bien choisies, lorsque l'on continue à observer avec soin les conditions d'alimentation propres à la produire.

En ce qui concerne le point de vue économique de l'exploitation des animaux domestiques, on considère souvent la production de beaux animaux comme le principal but à atteindre. La vraie zootechnie, au contraire, donne le profit comme le critérium absolu de la valeur des entreprises. Or le plus beau bétail n'est pas nécessairement le plus avantageux à exploiter ou le plus productif. « C'est une notion relativement nouvelle, dit M. Sanson, que celle qui consiste à envisager l'exploitation des animaux domestiques

agricoles, ou du bétail, comme devant produire des
profits directs. Aussi bien en économie rurale qu'en
zootechnie, ceux qui professent cette notion sont ré-
putés former une nouvelle école, non pas traitée sans
quelque dédain par les derniers tenants de l'ancienne.
Quelques-uns de ceux-ci assurent bravement qu'on
fait gagner ou perdre à volonté le bétail, selon la manière dont son compte est établi, admettant ainsi que
la comptabilité véritable se peut prêter aux caprices
de celui qui la tient. » La pratique de la comptabilité
agricole a recours, chez ceux dont il est ici question,
à ces valeurs arbitraires, que la véritable comptabilité répudie. Celle-ci est le critérium de la valeur
d'une entreprise industrielle ; dans le cas particulier
des animaux domestiques, elle a pour but de faire
ressortir le prix payé par eux pour leurs aliments
produits dans la ferme. S'ils payent cette nourriture
plus chère qu'on ne l'aurait vendue au marché, ils ont
constitué l'exploitant en profit ; dans le cas contraire,
ils l'ont mis en perte. Il n'y a pas ici place à des valeurs arbitraires, et le caprice n'a rien à y voir.

VIII

Les races bovines de la France.

Les animaux des races bovines ont trois principales

fonctions à remplir : donner du travail, du lait et de
la viande. Leurs aptitudes varient pour ces trois fonctions. Suivant que l'une ou l'autre aptitude est plus
développée dans une race, on a affaire à une race de
travail, à une race laitière ou à une race de boucherie.
Par l'élevage, suivant la volonté de l'agriculteur, ces
aptitudes peuvent varier dans de fortes proportions. Les
caractères extérieurs par lesquels elles se manifestent
ne sont donc pas immuables, et ils ne peuvent pas
servir pour la détermination spécifique des races. C'est
là un point essentiel.

Le but suprême de la vie du bœuf est l'abattoir.
Qu'il soit sacrifié jeune, ou qu'il ne soit tué qu'après
plusieurs années de longs services, il finit toujours
par la boucherie. Jadis les bœufs de trait étaient conservés le plus longtemps possible, et on ne s'en dé-
barrassait, dans la plupart des circonstances, que
lorsqu'ils n'étaient plus aptes aux labeurs qu'on leur
demandait. Aujourd'hui que la valeur de la viande va
sans cesse en augmentant, les agriculteurs cherchent
à la produire dans les plus fortes proportions ; ils
s'ingénient à trouver les moyens d'accélérer le développement de leurs animaux et leur rendement en
viande, tout en leur conservant leurs anciennes qualités par une sélection heureuse. Mais il n'est pas toujours facile d'y arriver rapidement.

Les caractères qui dénotent les aptitudes des races
bovines sont les suivants :

Le bon bœuf de travail a la tête un peu forte, le
front large, l'œil vif, les cornes bien plantées, le cou

gros et court ; le garrot est élevé ; les épaules sont plates et portées en avant ; les avant-bras et les jarrets sont larges ; les hanches sont longues ; les tendons sont bien détachés.

Quant aux vaches laitières, elles se reconnaissent à une tête petite, avec les cornes minces ; la gorge est peu développée : la peau est fine et pourvue de poils doux et abondants ; le pis est gros et prolongé sous le ventre ; les trayons sont égaux et bien espacés. Pour que le lait soit riche en beurre, il faut, d'après les nombreuses observations, que le pis soit d'une belle couleur jaunâtre, surtout entre les deux cuisses ; les poils qui le recouvrent doivent être courts, épais et soyeux.

Les caractères du bœuf de boucherie sont les suivants : la tête est petite, l'œil est doux, le front large, le cou mince, court et dénué de fanon. La poitrine est large et profonde, l'épaule ronde et droite, l'avant-bras très gros près du corps, le genou mince. Quant au corps, il doit être large et affecter des formes cylindriques ; le dos doit être droit depuis la naissance du cou jusqu'à l'extrémité de la croupe ; les hanches sont larges ; les cuisses sont chargées de viande. La peau doit être fine et élastique, se détachant bien du corps ; les poils sont épais et soyeux. Les membres devront être courts et fins, c'est-à-dire présenter une ossature tout à fait réduite.

Lorsqu'on a commencé à vouloir améliorer les races françaises au point de vue de la précocité du développement, on n'a trouvé rien de mieux que de les croiser avec les races anglaises, renommées pour leur rapide

Fig. 23. — Vache durham pure.

croissance. C'est surtout à la race dite durham (fig. 23) que l'on a eu recours. Ces croisements ont réussi dans certaines conditions, lorsque la race durham trouvait des conditions climatériques convenables, et une race peu fixée à laquelle elle se substituait presque complètement ; mais ailleurs les résultats ont été faibles ou nuls. La méthode la plus rationnelle pour développer chez des familles des qualités spéciales, c'est de procéder par sélection, c'est-à-dire de choisir toujours des animaux qui possèdent à un degré remarquable, plus ou moins intense, les qualités que l'on veut développer. Cette méthode est certainement plus longue que celle des croisements ; mais elle donne des résultats beaucoup plus certains. On peut citer à l'appui ceux qui ont été obtenus avec la race limousine ; la sélection a transformé cette race en vingt ans.

Après ces généralités, voici quelques détails sur les principales races qui peuplent la France, en descendant du nord au midi.

En Picardie et dans les Flandres, la race dite flamande occupe le premier rang. Elle se rapproche beaucoup de la race hollandaise (fig. 24), et on peut dire que naturellement ces deux races forment deux variétés d'une même espèce. Elles se distinguent surtout par la couleur de la robe qui est pie-noir dans la race hollandaise, et rouge-acajou dans la race flamande. Celle-ci est une race essentiellement laitière. Elle habite surtout les départements du Nord, du Pas-de-Calais et de la Somme ; on la rencontre encore dans l'Aisne et l'Oise.

Fig. 24. — Vache hollandaise.

Le rendement moyen en lait entre deux vêlages est estimé à 15 ou 16 litres ; le lait, pauvre en matière butyreuse, est riche en caséum. Les animaux de cette race possèdent une assez grande aptitude à l'engraissement.

La Normandie possède une race spéciale depuis longtemps ; c'est la race cotentine ou normande. Elle se distingue par une tête forte, un front bombé, le pelage varié, mais le plus souvent bringé. Les membres sont puissants, la croupe assez développée. Les vaches accusent l'aptitude laitière au plus haut degré ; en outre leur lait est riche en beurre. Le rendement est un peu plus faible que celui des vaches hollandaises. Depuis une vingtaine d'années, le bœuf normand, dont la maturité était tardive, a été lentement transformé de manière à avoir plus de précocité et plus de facilité à l'engraissement ; les résultats obtenus sont remarquables. Les éleveurs y sont arrivés à la fois par la sélection bien faite et par des croisements avec des animaux de la race anglaise durham. Les vaches normandes peuplent à peu près exclusivement les étables de la banlieue de Paris, dont l'industrie est d'approvisionner de lait la grande ville. On les rencontre aussi en très grande proportion dans les fermes d'où sortent les fromages qui ont fait la réputation de la Brie.

A côté de la massive race cotentine, la race bretonne qui peuple une grande partie de la Bretagne, fait le contraste le plus complet. Celle-ci est, en effet, une des plus petites races françaises. C'est principalement au sol granitique sur lequel elle est implantée

Fig. 25. — Jeune taureau de race limousine.

depuis des siècles qu'elle doit sa petite taille et son
peu de précocité. La race bretonne est encore une de
nos bonnes races laitières. Dans quelques parties de la
province, notamment dans le Finistère, on a fait avec
un certain succès des croisements de la race bretonne
avec la race durham.

Jadis le Maine et une partie de l'Anjou avaient une
population bovine spéciale dans la race mancelle.
Celle-ci tend de plus en plus à être remplacée par les
croisements avec la race durham. Il s'est ainsi formé
une population métisse qui est un des exemples les
plus remarquables de l'absorption d'une race par une
autre. Les animaux qu'on appelle durham-manceaux
sont devenus de véritables durham, car ils en présentent tous les caractères, avec toutefois une moins
grande perfection dans les aptitudes caractéristiques
du type primitif, et en conservant quelques-unes des
aptitudes de la race disparue, notamment la capacité
pour le travail.

La Vendée a aussi une population bovine spéciale.
Cette race présente plusieurs ramifications que l'on
désigne parfois à tort comme des races spéciales ; elle
s'étend sur une plus grande surface que l'ancienne
Vendée. En effet, on en trouve des variétés depuis le
littoral de l'Océan jusque dans une partie des bassins
de la Garonne et de la Loire et dans les montagnes de
l'Auvergne. Les principales variétés sont les races par-
thenaise, choletaise, nantaise, maraîchine, marchoise,
d'Aubrac, du Mézenc. Toutes sont remarquables par
leur grande taille, aussi bien que par leur aptitude au

Fig. 26. — Génisse de race limousine, appartenant à M. Teisserenc de Bort.

travail. Les bœufs s'engraissent toutefois assez facilement, sauf ceux du Mézenc et d'Aubrac. Les vaches
sont laitières de qualité ordinaire. De même que la
plupart des races françaises, les diverses variétés
de la race vendéenne ont été modifiées en vue de la
production plus rapide de la viande; on est arrivé à
en accroître sensiblement la précocité.

Mais c'est en ce qui concerne la race limousine
(fig. 25 et 26) que cette transformation a été plus complète. Cette race, parfaitement caractérisée, occupe
l'ancienne province de ce nom. Elle se rattache à la
race garonnaise, de la vallée de la Garonne, dont il sera
question plus loin. Sa production a augmenté depuis
vingt ans dans de très fortes proportions. Jadis les animaux limousins étaient d'un développement très lent ;
actuellement ils sont beaucoup plus précoces, en ayant
conservé leur valeur comme animaux de travail. Les
animaux limousins sont très recherchés par la boucherie pour leur rendement élevé en viande d'excellente qualité.

La race garonnaise (fig. 27) fournit, soit par le type
pur, soit par ses variétés, la plus grande proportion
de la population bovine de la région du sud-ouest de
la France. Ces animaux sont de haute taille, bien dé-
couplés, d'une force remarquable, travaillant bien et
donnant en même temps une viande de bonne qualité
avec un rendement important; mais la précocité est
loin d'avoir atteint les limites acquises par la race limousine. Les vaches garonnaises, dans quelque partie
que ce soit des départements qui sont leur habitat,

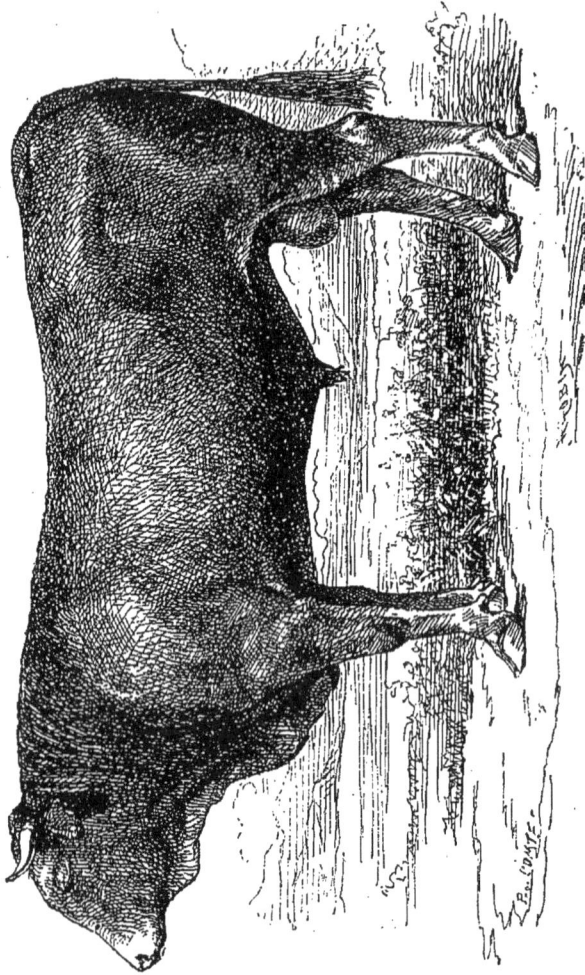

Fig. 27 — Taureau garonnais.

sont employées aux travaux agricoles ; elles n'ont que des qualités laitières très médiocres. — Dans la classification zootechnique basée sur les principes de la science, la race garonnaise doit être considérée comme une variété de la race d'Aquitaine, dont la race limousine est une autre variété. La description technique de ces variétés et de leurs caractères distinctifs ne peut entrer dans le plan de cette courte esquisse.

Le centre et une partie de l'est de la France sont presque exclusivement peuplés par la race charolaise. L'élevage de cette race fait la richesse du Bourbonnais et du Nivernais. C'est la principale et la plus remarquable race de boucherie que nous ayons. Elle se distingue (fig. 28 et 29) par une robe blanche à poils soyeux, un corps cylindrique, un dos large et droit, une culotte très développée, une poitrine ample et large. La tête est fine et large, munie de cornes de moyenne grandeur. L'ossature est fine, et les membres petits. Les caractères de précocité de la race charolaise ont encore été rendus plus complets, dans le Nivernais, par quelques croisements avec la race durham.

La race comtoise se trouve dans la plupart des exploitations de la Franche-Comté. Les zootechnistes modernes la désignent sous le nom de race jurassique, comprenant les variétés comtoise, fémeline et bressane. Ces variétés se distinguent par quelques caractères secondaires, provenant de ce que les unes sont localisées dans la plaine, les autres dans la montagne. La race comtoise est une bonne race laitière ; c'est avec ses produits que sont approvisionnées les

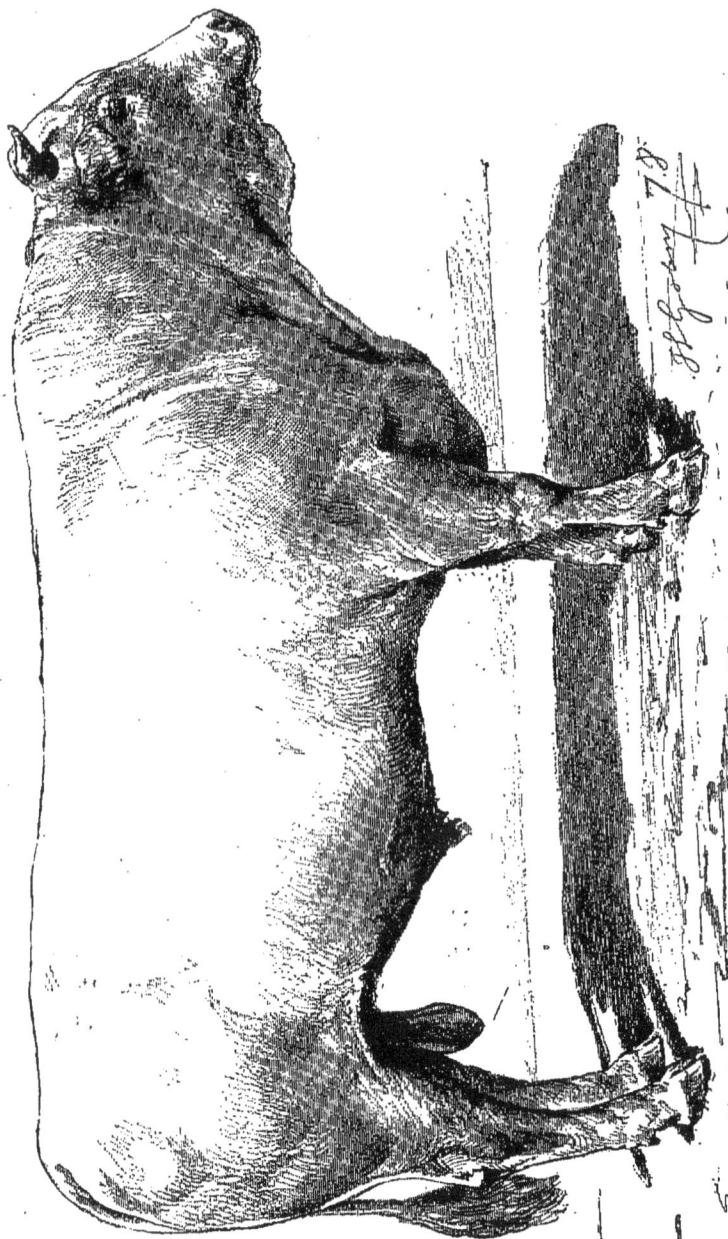

Fig. 28. — Taureau charolais, appartenant à M. F. Clair, à Mars (Nièvre).

associations fruitières des montagnes du Jura. Les bœufs comtois s'engraissent aussi assez facilement. Chaque année de grandes quantités d'animaux sont achetés, à l'automne ou en été, par des commissionnaires pour les départements du Nord où ils sont d'abord employés aux travaux, puis engraissés avec les pulpes des distilleries ou des sucreries.

La race de Tarentaise a son berceau à l'orient du département de la Savoie, dans le canton de Bourg Saint-Maurice, au pied du petit Saint-Bernard. C'est là qu'elle s'est conservée au plus haut point de sa perfection et qu'on la trouve plus complète, plus homogène que dans aucun autre canton de ce pays. De taille moyenne dans les hautes vallées, elle prend du corps à mesure qu'elle descend dans la plaine, où elle s'acclimate facilement sans soins particuliers, comme aussi sans altération de qualités; la constance, qui distingue toujours une race pure, est la première de ses vertus.

Cette famille n'est pas exigeante; très bonne mangeuse, elle ne rebute aucun aliment. Riche et bonne laitière, son produit est plus considérable que celui de la plupart des autres races, relativement au fourrage consommé. D'une robusticité à toute épreuve, elle est forte marcheuse, se fait à tous les climats et engraisse facilement, ce qui la fait toujours préférer d'une manière particulière pour les exportations lointaines. Les bœufs ont, il est vrai, moins d'ardeur; mais ils sont d'une ténacité que rien ne surpasse; aussi commencent-ils à être aujourd'hui plus recherchés que jamais dans toute la région du sud-est de la France.

SAGNIER. 9

Fig. 29. — Vache de la race de Tarentaise ou tarine.

IX

Les races ovines de la France.

Les transformations que l'homme peut faire subir à la population d'animaux domestiques dans un pays, sont devenues de plus en plus sensibles, depuis que des efforts considérables sont faits, dans la plupart des pays d'Europe, en vue de rendre plus productives les anciennes races qui les peuplaient. Aussi bien pour les races bovines que pour les races ovines, porcines ou de basse-cour, ces efforts sont aujourd'hui nombreux, et les résultats obtenus encouragent les éleveurs à persévérer dans la voie où ils sont entrés. En effet, au bout de cette voie est le profit ; c'est-à-dire qu'avec une étable, une bergerie, une porcherie bien conduite et peuplée d'animaux de choix, on retire un bien plus grand bénéfice. La vérité de ces réflexions est bien établie par les caractères des changements qui se sont produits dans la production des moutons.

Jadis, et il y a encore un demi-siècle, la population ovine était, en France, beaucoup plus nombreuse qu'aujourd'hui. Deux causes principales ont amené la diminution des troupeaux : le perfectionnement des cultures qui a entraîné la réduction des communaux et des jachères où les troupeaux trouvaient une nourriture abondante et peu coûteuse ; l'abaissement des tarifs de douane sur les laines qui, avant 1855, étaient

presque prohibitifs. Cette réduction a-t-elle été un
malheur pour l'agriculture ? Il serait trop long d'entrer
ici dans des détails sur les interminables discussions
auxquelles la question a donné lieu. Ces discussions se
réveillent encore quelquefois; mais elles peuvent se
résumer en un mot.

Récemment, je causais avec un gros fermier de la
Brie qui a si bien su faire ses affaires qu'il est devenu
propriétaire d'une ferme de 300 hectares qu'il avait prise
à bail en 1847 : « L'agriculture est ruinée, me disait-il ;
en voulez-vous une preuve ? Lorsque je suis entré
dans ma ferme en 1847, j'avais un troupeau de plus
de 1500 moutons ; aujourd'hui il n'est jamais supérieur à 300 têtes. — Vous voudriez donc, lui-répon-
dis-je, revenir à la situation que vous aviez à cette
époque. — Jamais, vous vous moquez de moi. — L'a-
bondance des troupeaux de moutons n'est donc pas un
signe absolu de prospérité. Puisque vous êtes beaucoup plus riche avec un troupeau réduit au cinquième,
vous ne pouvez pas vous plaindre. »

Il faudrait cependant bien se garder de généraliser
cette conclusion. S'il est des situations qui s'améllio-
rent avec l'abandon presque complet de l'élevage du
mouton, il en est d'autres où le mouton est une bête
précieuse, qui doit être entourée de tous les soins nécessaires pour une prospérité croissante, et où l'on ne
peut pas songer à le remplacer par d'autres animaux
qui seraient plus productifs.

C'est dans les pays à sol pauvre et où les parcours
sonts abondants, que le mouton est un animal réelle-

ment précieux. Les sols calcaires sont ceux où il se développe le mieux; là il tire parti avec avantage de pâtures maigres qui ne peuvent convenir à des animaux de plus grande taille et d'exigences plus élevées. Il en est de même de certaines terres siliceuses où les troupeaux de moutons donnent d'excellents résultats. Dans les sols plus riches, la taille du mouton se développe, mais il donne moins de profit que les troupeaux des races bovines; il y cède d'ailleurs la place à ces troupeaux dès que la culture y a acquis plus de ressources.

Au commencement du siècle actuel, de grandes transformations se sont opérées dans la population ovine de la France. La plupart des anciennes races étaient de petite taille, produisant une laine assez grosse, et peu de viande; elles ont été sensiblement modifiées, dans la plupart des centres, par l'influence du mouton mérinos. Importé d'Espagne à la fin du dernier siècle le mérinos l'emportait sur toutes les races françaises tant par ses belles formes, le développement de sa taille que par l'abondance et la finesse de sa laine. C'est d'Espagne qu'il a été d'abord introduit dans quelques rares bergeries; rapidement il s'est répandu dans toutes les parties de la France. Dans toutes les provinces, le mérinos a été croisé avec la race locale, de telle sorte que la France possède aujourd'hui une population de métis-mérinos qui atteint plus de la moitié du total de ses moutons.

Le succès du mérinos a toujours été en augmentant pendant la première moitié du siècle; la création de

Fig. 30. — Agneaux mérinos de Rambouillet.

plusieurs établissements de reproduction d'animaux de choix, et notamment de la bergerie nationale de Rambouillet, y a beaucoup contribué. A Rambouillet même, par une sélection faite avec beaucoup de soin dans le troupeau pendant un grand nombre d'années, on est arrivé à créer un type spécial, renommé partout pour l'ampleur de ses formes et pour la finesse de sa laine placée au premier rang des laines de premier choix.

Le mérinos de Rambouillet a la tête assez volumineuse et pourvue de laine, au moins sur le crâne, et parfois sur toute la face, de manière à couvrir les yeux et le front complètement. Les cornes portent des sillons transversaux très rapprochés, et elles s'enroulent en spirale pour se terminer par une pointe aplatie. Le dos est généralement droit, mais les flancs sont étroits. La peau du cou présente des plis transversaux ou des rides, et à partir du menton, sous la gorge, un pli longitudinal plus ou moins pendant, qui descend le long du cou jusqu'entre les deux membres antérieurs. Ces derniers caractères ont été et sont encore très appréciés, peut-être à tort, au double point de vue de la grande production et de la valeur de la laine.

Le mérinos de Rambouillet n'est qu'une variété de la grande race mérinos; plusieurs autres variétés ont aussi été créées en France, mais la plupart n'ont pas eu le même succès. Il faut citer le mérinos de Naz, le mérinos de Mauchamp, de plus petite taille et remarquable par le caractère soyeux de sa laine, le mérinos du Châtillonnais et celui du Soissonnais.

Ces deux dernières variétés, dues à des éleveurs très habiles, ont aujourd'hui complètement supplanté le mérinos de Rambouillet dans l'estime du plus grand nombre des agriculteurs. C'est que, en effet, au mérite d'avoir une laine abondante et d'une aussi grande finesse que celle du mérinos de Rambouillet, elles joignent la qualité d'être beaucoup plus précoces, c'est-à-dire de se développer beaucoup plus rapidement, avec des formes régulières. Pendant longtemps, on avait estimé que le mouton à laine ne pouvait être un animal propre à la boucherie, et qu'il fallait établir entre les races dites à laine et celles dites à viande, une démarcation que ni les unes ni les autres ne pourraient jamais franchir. Les faits ont donné complètement tort à cette théorie préconçue. Aujourd'hui, on obtient régulièrement dans le Soissonnais et la Côte-d'Or des agneaux qui deviennent adultes un an plus tôt que les anciens mérinos, avec un très grand développement en viande utile, sans que leur toison ait perdu quelque chose de sa valeur. On a ainsi un animal qui est véritablement à deux fins. Par les reproducteurs appartenant à ces variétés, le mérinos sera plus ou moins transformé non seulement en France, mais encore dans la plupart des pays civilisés ; car les béliers sont recherchés partout.

Avant la création de ces deux variétés, les éleveurs avaient, à la suite de la transformation du commerce des laines survenue après 1856, déjà essayé de modifier leurs mérinos, dont la toison, produit presque exclusif de l'animal, n'atteignait plus une valeur assez

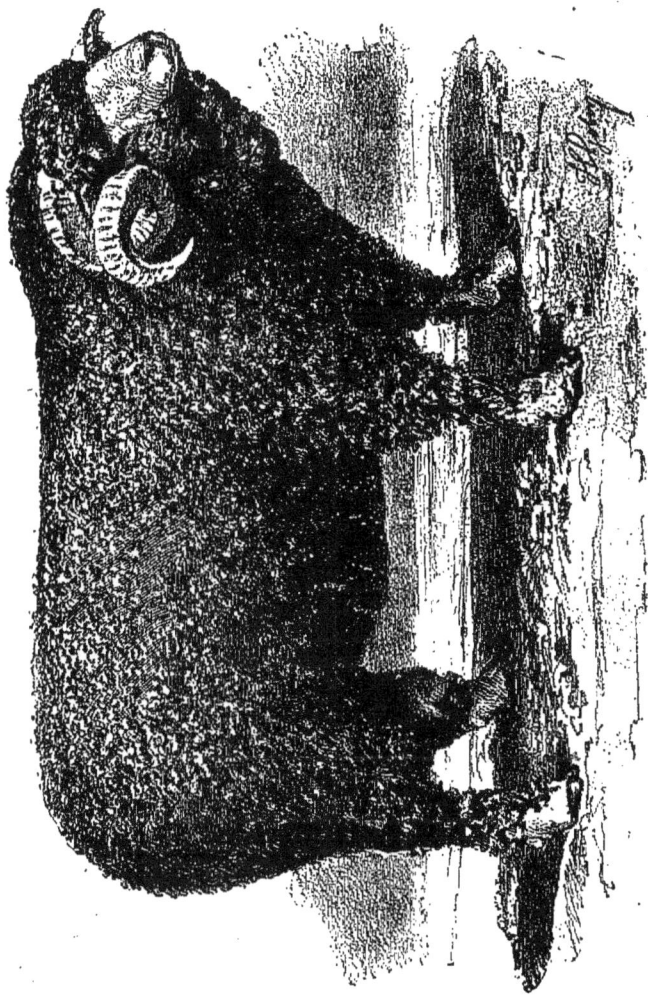

Fig. 31. — Bélier mérinos du Soissonnais.

élevée. C'est par le croisement avec des races précoces
d'origine anglaise qu'ils ont essayé d'atteindre ce but.
Après divers essais, la race à laquelle on a donné la
préférence est la race Leicester ou Dishley, à grand
volume, à développement rapide; sa toison est grossière. La race Leiscester est une des races les plus
justement réputées en Angleterre pour leur précocité.
Les résultats du croisement de cette race avec le
mérinos ont donné la race appelée dishley-mérinos,
aujourd'hui très répandue dans toute la région septentrionale de la France.

Le mouton dishley-mérinos a, de la race anglaise,
le développement rapide, les formes cubiques, le
squelette fin et amoindri; — de la race mérinos, la
laine, moins fine, mais abondante. Les agriculteurs
qui ont choisi ce croisement obtiennent des animaux
propres à la boucherie un an plus tôt; le troupeau se
renouvelle plus rapidement, et par conséquent le
produit qu'il donne est plus considérable. Sauf de rares
exceptions, le principal produit du troupeau est la
viande, la laine n'est plus qu'une denrée secondaire.
Mais les fermes dans lesquelles on se livre à ce genre
d'élevage doivent être abondamment fournies d'aliments riches nécessaires pour les bêtes qui consomment
d'autant plus qu'elles grandissent plus rapidement.
Au bout d'un certain nombre de générations, plus
ou moins considérable suivant les familles, les caractères de la race dishley prennent tout à fait le dessus,
et les troupeaux de dishley-mérinos ne rappellent plus
le mérinos que par le toupet de laine que porte le

front, et par un peu plus de finesse dans la toison que
dans la race dishley pure.

Fig. 32. — Bélier de la race Dishley.

Ce qui a été fait pour la race mérinos avec la race
dishley, a été réalisé pour d'autres races de moutons
français avec la race anglaise de southdown, à corps
cylindrique, à accroissement rapide, mais à laine
courte et grossière. Le southdown est le véritable

type de l'animal de boucherie dans les races ovines. Aucun mouton n'a le squelette aussi réduit, les membres et le corps aussi réguliers. Le gigot est admirablement fait, les cotelettes sont régulières, enfin la qualité de la viande est absolument exquise. C'est surtout dans le centre de la France que le mouton southdown a été introduit. Quelques propriétaires et fermiers en entretiennent des troupeaux de race pure ; mais, la plupart du temps, c'est à l'état de croisements avec les races locales que le southdown domine. Le croisement southdown-berrichon est celui qui est le plus répandu ; c'est d'ailleurs celui qui se fait avec le plus de succès. Le mouton berrichon pur est un animal irrégulier, à laine assez grossière, à croissance extrêmement lente, mais donnant une viande de bonne qualité. Tout en laissant à la viande sa qualité, et même en l'accroissant, l'intervention de la race southdown a complètement transformé cette race ; elle lui a donné de la précocité, un corps régulier et bien fait ; ces qualités ont fait de ce croisement un des produits les plus remarquables de l'élevage actuel français. Des résultats analogues ont été obtenus avec le mouton cauchois en Normandie ; des tentatives du même genre ont été faites avec le mouton poitevin, mais avec moins de succès.

Parmi les races françaises qui peuplaient jadis le midi de la France et qui en forment encore presque exclusivement la population ovine, il en est quelques-unes qui doivent être signalées d'une manière spéciale, parce qu'elles ont des aptitudes remarquables.

Fig. 33. — Bande de moutons southdowns.

C'est d'abord la race du Larzac qui est répandue dans la plus grande partie de la région des Cévennes. C'est la plus laitière de toutes les races ovines ; avec son lait on fabrique de grandes quantités de fromages. C'est à Roquefort que cette industrie est principalement répandue ; on y fait des fromages dont la réputation est universelle et qui sont recherchés sur toutes les parties du globe. Souvent, dans cette race, les brebis ont, aux mamelles, des trayons en nombre plus considérable que dans les proportions naturelles.

La race barbarine habite la Provence et le Languedoc ; les grands troupeaux de cette race trouvent, pendant l'hiver, une alimentation abondante dans les plaines de la Crau et de la Camargue ; ils sont conduits, pendant l'été, sur les pâturages des Alpes. C'est ce qu'on appelle la transhumance, pratique extrêmement nuisible pour la conservation des pâturages alpins, qui sont endommagés par le piétinement des moutons. Le seul moyen d'obvier à ces abus est d'obtenir sur les plaines du sud-est des récoltes fourragères assez abondantes pour faire abandonner naturellement la pratique de la transhumance, qui d'ailleurs fatigue les troupeaux et en diminue la production. Les brebis de la race barbarine sont très prolifiques ; elles donnent assez souvent deux agneaux à la fois. Ces agneaux sont souvent sacrifiés pour la boucherie ; leur viande est estimée dans le Midi.

Les autres races locales sont beaucoup moins importantes ; elles ne sortent pas de leur pays d'origine, leur force d'expansion est presque nulle.

On se plaint quelquefois de la diminution considérable que les recensements accusent dans la population ovine. Il faut tenir compte de deux choses : la première, c'est que les recensements n'étant pas faits aux mêmes dates de l'année, tantôt avant, tantôt après l'agnelage, leurs résultats ne peuvent être rigoureusement comparables ; — la deuxième, c'est que le poids général des moutons est sensiblement plus élevé qu'il y a vingt ans, et quatre animaux d'aujourd'hui représentent un plus grand poids, et, par suite, une valeur plus élevée que cinq animaux de la période précédente.

X

La guérison du sang de rate du mouton.

Parmi les découvertes scientifiques de l'année 1881, il en est peu qui intéressent autant les agriculteurs que les expériences désormais célèbres de la ferme de Pouilly-le-Fort (Seine-et-Marne).

M. Pasteur a fait connaître une série de travaux considérables auxquels il s'est livré sur la maladie charbonneuse qui, sous le nom de sang de rate ou sous celui de charbon, exerce des ravages terribles dans un grand nombre de troupeaux de moutons et de bœufs ou vaches, tantôt dans un département, tantôt dans un autre. Il est des régions où la maladie est endémique, c'est-à-dire revient d'une manière périodi-

que à peu près tous les ans : telles sont la Beauce,
l'Auvergne. Dans ces régions, quelques champs en paraissent plus particulièrement être les foyers, et ils
ont reçu des agriculteurs le nom de champs maudits.

Après avoir complété les recherches de M. Davaine
sur le microbe dont le développement dans le sang
des animaux constitue la maladie charbonneuse,
M. Pasteur a d'abord élucidé les causes pour lesquelles les germes de ces microbes se rencontrent et se
perpétuent, pour ainsi dire, dans les champs maudits. Puis, se livrant à des études expérimentales sur
des cultures de ces microbes dans les liquides où leurs
germes semés se trouvaient dans des milieux favorables
à leur développement, il s'est demandé s'il ne serait
pas possible d'en atténuer la virulence de manière à
constituer un liquide qui pourrait servir de vaccin, et
dont l'inoculation dans l'organisme animal préserve-
rait celui-ci du développement fatal des bactéridies
constituant le charbon. On sait, en effet, que c'est
par une méthode de ce genre que le vaccin du cow-
pox préserve les hommes de la variole, et en a diminué
la propagation dans des proportions heureuses pour
l'humanité.

Ce n'est pas le lieu d'insister ici sur la méthode
par laquelle M. Pasteur a obtenu le virus atténué pouvant servir de vaccin contre le charbon. Il suffira de
dire que ses expériences de laboratoire eurent un
succès complet.

Mais, pour donner une preuve évidente de la réalité de cette importante découverte, il fallait organiser

des essais sur une grande échelle. C'est à la Société
d'agriculture de Melun que revient l'honneur d'en
avoir pris l'initiative. Le succès de ces expériences a
été complet. Des expériences successives ont démontré que, pour l'espèce bovine, il suffisait d'augmenter
la dose.

M. Pasteur a pu conclure avec une légitime fierté :
« Nous possédons maintenant des virus vaccins du
charbon, capables de préserver de la maladie mor-
telle sans jamais être eux-mêmes mortels, vaccins vivants cultivables à volonté, transportables partout
sans altération, préparés par une méthode qu'on peut
croire susceptible de généralisation, puisque, une première fois, elle a servi à trouver le choléra des poules. »
C'est, pour les agriculteurs, une précieuse découverte.
Désormais, par une opération simple, facile à prati-
quer, ils pourront mettre leurs troupeaux de moutons à l'abri du charbon ou sang de rate. Les pertes
énormes que certaines régions éprouvaient, pourront
être considérablement amoindries et même disparaître complètement, lorsque la vaccination préventive
sera devenue usuelle. Elle a d'ailleurs déjà pris une
telle extension qu'il est permis d'espérer qu'elle sera
bientôt générale. En 1880, 80,000 moutons ont été ainsi
vaccinés. Des expériences faites en janvier 1882 ont démontré que l'immunité dure au moins huit mois. Par
conséquent, en vaccinant les troupeaux au commencement du printemps de chaque année, on peut les
mettre à l'abri des épizooties de sang de rate qui se
produisent généralement d'avril en octobre.

SAGNIER.   10

XI

La police sanitaire dans les campagnes.

Les maladies contagieuses causent, chaque année, des pertes très considérables aux agriculteurs. Depuis longtemps, on se préoccupait des moyens de les enrayer, c'est-à-dire d'en détruire les foyers qui peuvent existir à l'intérieur du pays, et de les empêcher de pénétrer en France avec les importations de bétail. Dans plusieurs autres pays, une législation sanitaire bien faite rend depuis longtemps de grands services. La loi de 1881 est venue, en France, combler cette lacune. Les agriculteurs doivent en connaître les dispositions.

Les maladies qui sont réputées contagieuses et qui donnent lieu à l'application de la loi, sont :

La *peste bovine* dans toutes les espèces de ruminants ;

La *péripneumonie contagieuse* dans l'espèce bovine ;

La *clavelée* et la *gale* dans les espèces ovine et caprine ;

La *fièvre aphtheuse* dans les espèces bovine, ovine, caprine et porcine ;

La *morve*, le *farcin*, la *dourine* dans les espèces chevaline et asine ;

La *rage* et le *charbon* dans toutes les espèces.

Tout propriétaire, toute personne ayant, à quelque titre que ce soit, la charge des soins ou la garde d'un animal atteint ou soupçonné d'être atteint d'une maladie contagieuse, est tenu d'en faire sur-le-champ la déclaration au maire de la commune où se trouve cet animal. Sont également tenus de faire cette déclaration, tous les vétérinaires qui seraient appelés à le soigner.

L'animal atteint ou soupçonné d'être atteint de l'une des maladies qui viennent d'être spécifiées devra être immédiatement, et avant même que l'autorité administrative ait répondu à l'avertissement, séquestré, séparé et maintenu isolé autant que possible des autres animaux susceptibles de contracter cette maladie. Il est interdit de le transporter avant que le vétérinaire délégué par l'administration l'ait examiné. La même interdiction est appliquée à l'enfouissement, à moins que le maire, en cas d'urgence, n'en ait donné l'autorisation spéciale.

Le maire devra, dès qu'il aura été prévenu, s'assurer de l'accomplissement de ces prescriptions et y pourvoir d'office, s'il y a lieu.

Aussitôt que la déclaration prescrite a été faite, ou, à défaut de déclaration, dès qu'il a connaissance de la maladie, le maire fait procéder sans retard à la visite de l'animal malade ou suspect par le vétérinaire chargé de ce service. Ce vétérinaire constate et, au besoin, prescrit la complète exécution des dispositions et les mesures de désinfection immédiatement nécessaires. Dans le plus bref délai, il adresse son rapport au préfet.

Après la constatation de la maladie, le préfet statue sur les mesures à mettre à exécution dans le cas particulier. Il prend, s'il est nécessaire, un arrêté portant déclaration d'infection. Cette déclaration peut entraîner, dans les localités qu'elle détermine, l'application des mesures suivantes :

1° L'isolement, la séquestration, la visite, le recensement et la marque des animaux et troupeaux dans les localités infectées ;

2° L'interdiction de ces localités ;

3° L'interdiction momentanée ou la réglementation des foires et marchés, du transport et de la circulation du bétail ;

4° La désinfection des écuries, étables, voitures ou autres moyens de transport, la désinfection ou même la destruction des objets à l'usage des animaux malades ou qui ont été souillés par eux, et généralement des objets pouvant servir de véhicules à la contagion.

Lorsqu'un arrêté du préfet a constaté l'existence de la peste bovine dans une commune, les animaux qui auraient été contaminés, alors même qu'ils ne présenteraient aucun signe apparent de maladie, sont abattus par ordre du maire, conformément à la proposition du vétérinaire délégué et après évaluation.

La rage, lorsqu'elle est constatée chez les animaux de quelque espèce qu'ils soient, entraîne l'abatage, qui ne peut être différé sous aucun prétexte. Les chiens et les chats suspects de rage doivent être immédiatement abattus. Le propriétaire de l'animal suspect est tenu, même en l'absence d'un ordre des agents de l'administration, de pourvoir à l'accomplissement de cette prescription.

La vente ou la mise en vente des animaux atteints ou soupçonnés d'être atteints de maladies contagieuses est interdite. La chair des animaux morts de maladies contagieuses quelles qu'elles soient, ou abattus comme atteints de la peste bovine, de la morve, du farcin, du charbon et de la rage, ne peut être livrée à la consommation.

Tout entrepreneur de transports par terre ou par eau qui a transporté des bestiaux doit, en tout temps, désinfecter, dans les conditions prescrites par le règlement d'administration publique, les véhicules qui auront servi à cet usage.

Cette analyse ne porte que sur les 16 premiers articles de la nouvelle loi, qui en comporte 41. Mais ce sont les dispositions que tout le monde doit connaître. Les autres articles se rapportent aux indemnités qui peuvent être accordées aux propriétaires des animaux abattus par ordre de l'autorité administrative en cas de peste bovine ou de péripneumonie, aux mesures spéciales à l'importation et à l'exportation des animaux, enfin aux pénalités qui peuvent être encourues pour les infractions à la loi.

Ces pénalités sont sévères, puisque, dans certains cas, elles atteignent plusieurs mois et même plusieurs années de prison et des amendes de plusieurs milliers de francs. Mais il n'y a pas à les trouver trop dures, car les maladies contagieuses nous occasionnent annuellement des pertes s'élevant à plusieurs dizaines de millions de francs. Des négligences qui paraissent légères à leurs auteurs, peuvent compromettre la santé du bétail de tout un canton.

XII

Vétérinaires et empiriques.

Ce serait une grande injustice que de ne pas reconnaître les services rendus, dans un grand nombre de régions, par les vétérinaires. Nous ne parlons pas seulement au point de vue de la pratique de leur art, mais surtout sous le rapport de la diffusion des progrès agricoles. Dans les écoles vétérinaires d'Alfort, de Lyon et de Toulouse, ils ont acquis des connaissances scientifiques sérieuses, et un grand nombre d'entre eux s'efforcent d'en faire profiter la pratique de l'agriculture. En outre, les vétérinaires sont le plus souvent des hommes libéraux, et à ce titre encore rendent de réels services à la cause de la diffusion des saines doctrines.

Mais toute médaille a un revers. Dans un grand nombre de localités, les vétérinaires ont à lutter non seulement contre les vieux préjugés de la routine d'un grand nombre de paysans, mais encore contre l'empirisme des charlatans. Dans la plupart des villages, ils rencontrent des gens qui, sans aucun titre, sans aucune connaissance scientifique, se mêlent de faire de la médecine vétérinaire et de soigner les bêtes, parfois même leurs propriétaires. Ce sont les empiriques, connus ici sous le nom de *rebouteux*, plus loin sous celui de *coupeurs*, ailleurs encore sous d'autres noms.

Ces gens-là usurpent même parfois, sans vergo-
gne, le titre de vétérinaire, et le font peindre sur
leurs enseignes. Leur métier s'exerce souvent de père
en fils, par la transmission de prétendus secrets qui
ne consistent, le plus souvent, qu'en une grande
habileté de tour de main, acquise par une longue
pratique. Ils ne coûtent pas cher à la bourse du cultivateur; pour quelques centimes, ils châtrent un goret
ou un agneau; leurs prétentions s'élèvent un peu
quand les opérations sont plus compliquées, mais
leur prix est toujours inférieur à celui du vétérinaire.
C'est une garantie de faveur qui les place dans une
situation tout à fait supérieure en face des vrais représentants de la médecine des animaux domestiques.

Ce n'est pas tout. Les empiriques se tirent assez
bien, grâce à une longue pratique, des opérations
chirurgicales courantes et les plus usuelles. Mais
quand il s'agit de maladies internes, c'est tout autre
chose. Il n'ont pas la moindre notion d'anatomie, pas
plus que de physiologie animale; ils sont donc fortement
embarrassés. Les plus effrontés ordonnent à tort et à
travers des remèdes qui peuvent tuer les sujets qui
leur sont confiés; les plus malins se bornent à des
ordonnances anodines et s'en remettent du soin de
guérir aux forces de la nature, tout prêts cependant à
prendre à leur actif la guérison, quand dame Nature
s'en est chargée.

Cette situation ne présente que des inconvénients
secondaires, quand il s'agit de maladies ordinaires; le
cultivateur qui perd, par la faute d'un empirique, un

cheval ou une vache, ne peut s'en prendre qu'à lui-même de son aveugle confiance. Mais si l'animal malade est atteint d'une maladie contagieuse, quatre-vingt-dix-neuf fois sur cent au moins, l'empirique est incapable de la reconnaître, et de prendre ou d'ordonner les mesures que le cas ordonne. La maladie se développe chez l'animal malade ; elle gagne ceux qui cohabitent avec lui ; ceux-ci en emportent les germes au dehors ; tout un village, tout un canton est rapidement infecté, quand parfois il eût suffi de la séquestration rigoureuse de quelques animaux pour arrêter le mal dans son premier foyer. C'est donc avec raison qu'on a pu dire que les empiriques doivent être comptés au nombre des agents les plus actifs de la diffusion des maladies contagieuses.

En même temps qu'ils luttaient contre les empiriques par tous les moyens en leur pouvoir, les vétérinaires ont eu recours aux tribunaux. Par un arrêt rendu en 1851, la Cour de cassation a décidé que le titre de vétérinaire appartient aux seuls élèves diplômés des écoles d'Alfort, de Lyon et de Toulouse, et que personne autre n'a le droit de s'en parer. Cependant, il arrive encore que des tribunaux de première instance acquittent quelquefois des empiriques poursuivis pour avoir usurpé ce titre. Mais les cours d'appel cassent toujours ces jugements.

FIN

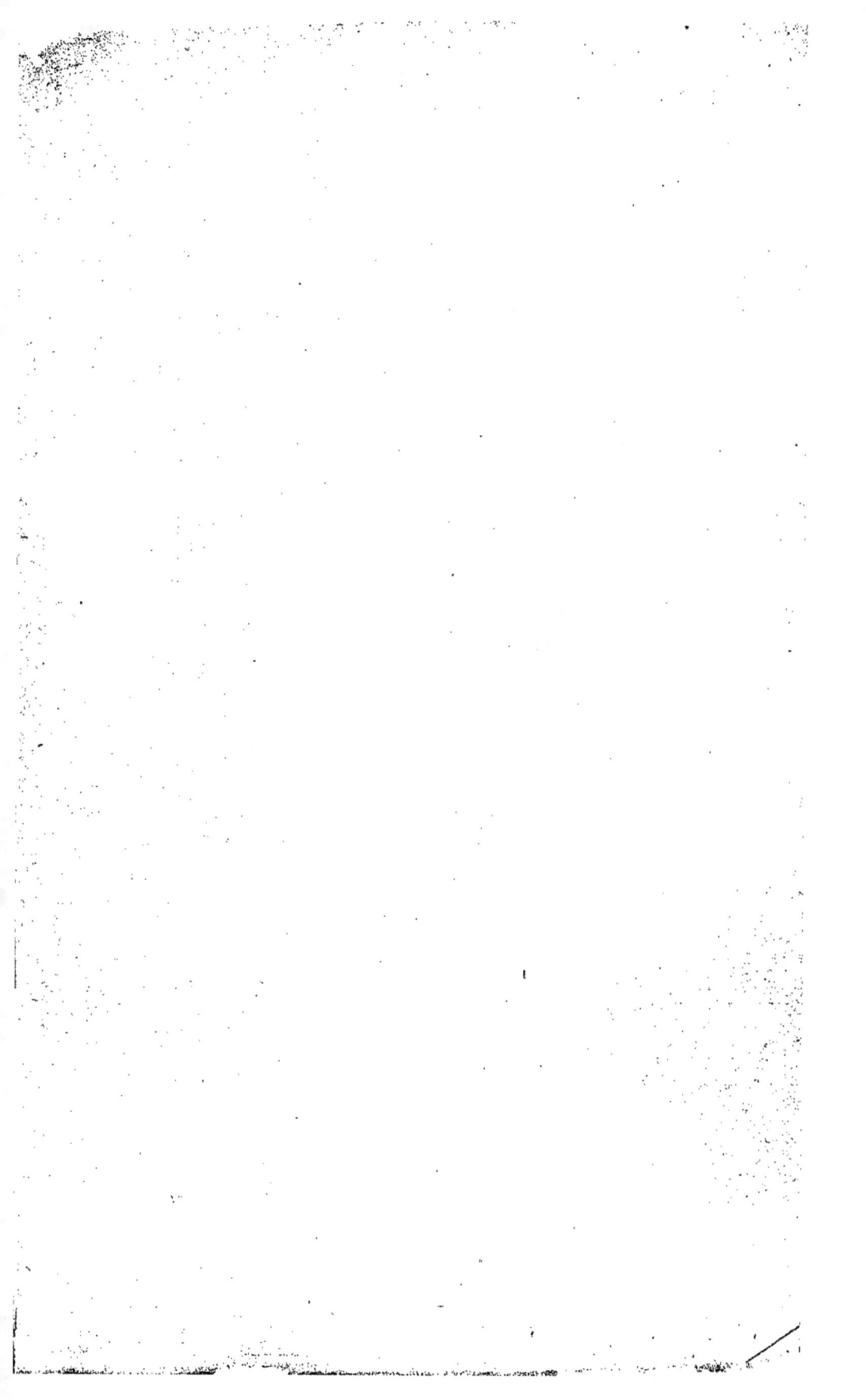

G. MASSON, ÉDITEUR

Traité élémentaire d'agriculture, par M. J. GIRARDIN, recteur honoraire, directeur et professeur de l'École supérieure des sciences de Rouen, et M. A. DU BREUIL, professeur d'arboriculture et de viticulture dans les écoles d'agriculture de l'État. 3e édition revue et corrigée. 2 vol. in-18 de 1,509 pages avec 955 figures dans le texte.. 16 fr.

Principes généraux d'arboriculture. Anatomie végétale, physiologie végétale, sol, engrais, pépinières, par M. A. DU BREUIL. 1 vol. in-18, avec 176 figures dans le texte et une carte coloriée.................... 3 fr. 50

Instruction élémentaire sur la conduite des arbres fruitiers. Greffe, — taille, restauration des arbres mal taillés ou épuisés par la vieillesse. Culture, — récolte et conservation des fruits, par M. A. DU BREUIL. 10e édition. 1 vol. in-18, avec 191 figures............................ 2 fr. 50

Arbres et arbrisseaux à fruits de table, par M. A. DU BREUIL. 7e édition. 1 vol. grand in-18, avec figures intercalées dans le texte et planches gravées.. 8 fr.

Culture des arbres et arbrisseaux d'ornement, plantations de lignes d'ornement, parcs et jardins, par M. A. DU BREUIL. 1 volume grand in-18 de 392 pages, avec tableaux, plans et 190 figures représentant les principales espèces............................ 5 fr.

Les vignobles et les arbres à fruits à cidre, l'olivier, le noyer, le mûrier et autres espèces économiques, par M. A. DU BREUIL. 1 vol. in-8 de 570 pages, avec 384 figures dans le texte et 7 cartes................ 6 fr.

Journal de l'Agriculture, de la Ferme et des Maisons de campagne, de la viticulture et de l'horticulture, fondé et dirigé par J.-A. BARRAL, secrétaire perpétuel de la Société nationale d'agriculture de France. — Le *Journal de l'Agriculture* paraît tous les *samedis* en un numéro de 52 pages. Il forme par trimestre un volume de 500 à 600 pages, avec de nombreuses planches et gravures. Prix d'abonnement : un an, 20 francs ; six mois, 11 francs ; trois mois, 6 francs : un numéro, 50 centimes.

Le livre de la ferme et des maisons de campagne, par M. P. JOIGNEAUX, avec la collaboration d'une réunion d'agronomes. Troisième édition. 2 vol. grand in-8 jésus, ensemble plus de 4,000 colonnes, avec 1724 figures dans le texte.. 32 fr.

Les veillées de la ferme de Tourne-Bride, ou Entretiens sur l'agriculture, l'exploitation des produits agricoles et l'arboriculture, par P.-J. DE VARENNES (P. JOIGNEAUX). 3e édition. 1 vol. in-12, avec figures........ 1 fr.

Conseils à la jeune fermière, par M. P. JOIGNEAUX. Nouvelle édition. 1 vol. grand in-18, avec figures dans le texte.................... 1 fr.

L'art de greffer les arbres, arbrisseaux et arbustes fruitiers, forestiers, etc., par M. Ch. BALTET, horticulteur à Troyes. — Deuxième édition entièrement refondue et suivie d'un appendice sur le rétablissement de la vigne par la greffe, avec 127 figures dans le texte. 1 fort vol. in-18........... 4 fr.

Culture du poirier, comprenant la plantation, la taille, la mise à fruit et la description des cent meilleures poires, par M. Ch. BALTET, horticulteur à Troyes. 4e édition. In-18, avec figures.......................... 1 fr.

Les fruits à cultiver, leur description, leur culture, par M. F.-J. JAMIN, horticulteur à Bourg-la-Reine. 1 vol. in-18.................... 1 fr. 50

Culture du chasselas à Thomery, par M. ROSE-CHARMEUX. 1 vol. in-18, avec 41 figures.. 2 fr.

CORBEIL. — Typ. et ster. CRÉTÉ.

www.ingramcontent.com/pod-product-compliance
Lightning Source LLC
Chambersburg PA
CBHW050125210326
41519CB00015BA/4107